SAMMLUNG

ÜBERLIEFERUNG UND AUFTRAG

IN VERBINDUNG MIT WILHELM SZILASI

HERAUSGEGEBEN VON ERNESTO GRASSI

REIHE TEXTE

BAND 2

EURIPIDES

ION

DEUTSCH MIT EINER EINLEITUNG

VON EMIL STAIGER

VERLAG A. FRANCKE AG.

BERN

Wenn wir uns schon berechtigt glauben, eine antike Tragödie
– trotz vielen eigentlich unlösbaren sprachlichen Problemen –
ins Deutsche zu übertragen, nehmen wir uns zugleich das Recht,
das Werk mit unsern Augen zu betrachten und zu fragen, wie es
uns heute noch ansprechen könne. Es soll also nicht die Rede
sein von jenem Euripides, der so oft verzwickte Lokalgeschich-
ten erfindet und auch im «Ion», wie Wilamowitz in seinem
Kommentar gezeigt hat, mit der Genealogie des Helden dem
athenischen Publikum schmeichelt. Wir halten uns an das
Menschliche und Künstlerische, das jeder entdeckt, der wachen
Geistes zu lesen vermag, und sind überzeugt, auf diese Weise
vielleicht nicht ganz der Absicht des Dichters, aber doch wesent-
lichen Zügen seiner Schöpfung gerecht zu werden.

Indes, auch wenn wir so vorgehen, müssen wir manches, was
uns verwirrt, ja stört, zunächst beiseite lassen. Der «Ion» nämlich ist – wer dürfte es leugnen? – kein reines, vollendetes
Werk. Die dramatische Rechnung geht nicht auf; am Ende
bleibt ein Rest, den niemand mit gutem Gewissen unterbringt.
Vielleicht sind vor einem strengsten Gericht überhaupt nur
zwei längere Partien über jeden Zweifel erhaben und von höch-
ster dichterischer Schönheit: Ions Einzelgesang zu Beginn und
der große Klagegesang Kreusas, der die Mitte des Dramas
krönt. Die beiden Gesänge scheinen bedeutsam aufeinander ab-
gestimmt. In Ions Worten begegnet uns ein Ephebe, wie ihn die
alte Tragödie liebenswürdiger nie gebildet, wie ihn höchstens
Platon später, in Charmides oder Lysis, mit andern Mitteln wieder verherrlicht hat. Seine Knabengestalt umfließt ein Glanz
geweihter Jugendlichkeit. Die reine Luft der delphischen Höhen, das Geheimnis des heiligen Raums, die liebevolle Bemü-
hung des Waisen um das Wohlgefallen des Gottes, dem zu dan-

ken, den zu verehren sein unerfahrenes Herz beglückt: das klingt, als sehne der Dichter selbst sich nach vergangenen Zeiten, nach den entschwundenen Jahren seiner eigenen Kindheit zurück, da noch der Frieden mit Göttern und Menschen gesichert schien. Umso schwerer fällt es uns, diesen vielleicht modernen Gedanken zu verbannen, als wir später Kreusas furchtbare Anklage hören, ihren Schmerz und ihren Hohn auf Apollon, der die goldene Leier spielt und schamlos die Sitte, die Würde, das Glück eines Mädchens und einer Mutter zerstört.

Wie immer sich auch der Dichter die Ökonomie seines Dramas vorstellen mochte, es ist klar, daß hier ein Gegensatz klafft, der einen Ausgleich gebieterisch fordert. Doch eben dieser Forderung will oder kann Euripides nicht genügen. Eine Strecke weit sieht es zwar noch so aus, als sei das Werk darauf angelegt, von dem Gottesfrieden des Anfangs durch eine schwere Krise hindurch zu einer Versöhnung oder Verzweiflung zu führen, als gelte es, an Ion das gefährdete Verhältnis zwischen Göttern und Menschen zu erproben. Wunderbar ist sein Irrewerden nach Kreusas halbem Geständnis, sein Wunsch, die Ehrfurcht, wenn es nötig sein sollte, auf Kosten der Wahrheit zu retten; ein Meisterstück die Rede, nachdem ihn Kreusa und Xuthos verlassen haben, sein Schwanken zwischen gewohntem frommem Tun und der aufgescheuchten Frage, die unbequem vor dem Auge schwirrt. Aber so fährt der Dichter nicht fort. Mit der Intrige des Alten biegt er in konventionelle Geleise ein, ohne, wie es scheint, zu bemerken, daß dergleichen nach allem, was er schon ausgesprochen, nicht mehr angeht. Es ist höchst bezeichnend, wie er da einsetzt:

«Nun mußt du eine Weibertat vollbringen!»

Mit diesen Worten drängt der alte Mann Kreusa zur Tat. Eine «Weibertat», γυναικεῖόν τι, das kann doch wohl nur bedeuten: eine Tat, wie das Publikum sie aus älteren tragischen Dichtungen kennt, aus der «Medea» des Euripides selbst, aus Sophokles' «Trachinierinnen» oder aus Aischylos' «Agamemnon». Mit einem Schwert, mit List, mit Gift soll die Gekränkte die Rache vollziehen. Es ist, als würde das ganze Arsenal der Tragödie ausgekramt. Doch eben eine solche Tat verbietet sich in der Umgebung des «Ion». Wenn nämlich die früheren Frauengestalten durchaus von einem Pathos beseelt sind, von einem Pathos, das gleichsam den ganzen Charakter in seiner Glut verzehrt, hat sich Kreusa bereits als reich gestufte Individualität erwiesen und kann auch jetzt ihr Gemüt nicht verleugnen, das unergründlich in allen Farben schillert, von zärtlich-elegischer Stimmung bis zu bitterem Schmerz und einem zornigen Gefühl der Ohnmacht. Weil dem so ist, weil Euripides sich, gegenüber Sophokles, einer neuen Erfahrung des Menschen rühmen kann, verlangen wir Wahrscheinlichkeit und sehen mit Mißvergnügen zu, wenn diese Frau sich nun anschickt, über ihren eigenen Schatten zu springen und loszufahren in ein greuliches Abenteuer alten Stils. Leider zieht sie nun aber auch Ion auf die andere Seite hinüber. Schon in dem großen Gespräch mit Xuthos fällt er aus der Rolle und entfaltet altklug eine politische Weisheit, die sich mit der Unschuld der Eingangsworte nicht vereinigen läßt. Erst recht benimmt er sich in der Abwehr des Mordanschlags nach bekannten Mustern; und von dem Knaben, dessen Antlitz wir so deutlich gesehen haben, meinen wir nichts mehr zu erkennen.

Bei Sophokles oder bei Aischylos wäre es völlig unangebracht, auf Widersprüche in der Zeichnung der Charaktere hinzuweisen, da dort die Aufmerksamkeit auf andere Zusammenhänge gerichtet bleibt. Euripides aber nötigt uns, den einzelnen Menschen als solchen zu würdigen. Und diese Menschen sind so «modern», so «bürgerlich» schon in ihrem Empfinden, daß wir ihnen das Mythisch-Ungeheure nicht so leicht zutrauen.

Wenn die Menschen sich verwandeln, verwandeln sich zugleich die Götter. Beides ist ein- und derselbe Vorgang. Den einfach-großen, unbedingten sophokleischen Gestalten entsprechen die unbedingten Götter, deren Herrlichkeit noch nicht an irdischen Maßen gemessen wird. So erscheint nun zwar auch Athene in der letzten Szene des «Ion», und Apollon starrt hier nicht minder von heiligem Gold als im «Oedipus rex». Daneben aber kann sich der Mensch, der einige Selbständigkeit zu fühlen beginnt, ein Urteil nicht versagen. Mit den Waffen der Kritik, die die Sophistik geschmiedet, begegnet er nun den Mächten, die bisher allein maßgebend gewesen sind. Da freilich kann es nicht zweifelhaft sein, wie die Entscheidung ausfallen wird. Athene mag sich immerhin bemühen, zu zeigen, daß Apollon «alles schön vollendet» habe; Kreusa und Ion mögen sich schließlich bequemen, ihr Schicksal, wie die Goethesche Iphigenie, als «gespartes, lang und weise zubereitetes Geschenk» des Gottes hinzunehmen: niemand, dem die Klage Kreusas in die Seele gedrungen ist, wird in ihr Dankgebet einstimmen, am wenigsten wohl Euripides selbst, der Phoibos bei allen seinen Machenschaften behaftet und ihm sogar am Schluß die Schande nicht erspart, aus Feigheit und Verlegenheit Athene für sich sprechen zu lassen.

«Leg Feuer an Apollons heilgen Sitz!»

Das schiene in der Tat die geforderte Folgerung zu sein. Euripides zieht sie nicht. Er schwankt, kann nicht mehr zurück und doch nicht weiter vorwärts in unbetretenes Land. So ist sein «Ion» ein Dokument der schweren Krise des griechischen Geistes am Ende des fünften Jahrhunderts vor Christus, fragwürdig in der Fügung des Geschehens, aber gerade in dieser Fragwürdigkeit von höchstem Reiz.

Wir haben damit vielleicht den Denker Euripides, den Sokrates schätzte, zu sehr in den Vordergrund gerückt, verleitet

8

durch die Aufdringlichkeit seiner Reflexionen und Sentenzen und durch die Skepsis, mit der er nicht nur Phoibos, sondern alles, was mit Delphi zusammenhängt, erwägt. Ebenso kräftig dringen aber rein künstlerische Impulse durch, ein fast verbissener Ehrgeiz, der tragischen Gattung, die zur Reife gediehen ist und sich zu erschöpfen droht, letzte Möglichkeiten abzugewinnen. Immer wieder versucht Euripides, Bekanntes zu überbieten. In den «Phoinissen» drängt er alle Greuel des Labdakidenhauses in ein einziges Stück zusammen. In seiner «Elektra» steigert er die Leiden der Tochter Agamemnons bis an die Grenze dessen, was sich in tragischem Stil noch aussprechen läßt. Der «Ion» soll nun offenbar die Anagnorisis, die Erkennungsszene, auf die Spitze treiben. Aristoteles hat in seiner Poetik Peripetie und Anagnorisis als konstitutive Momente der Tragödie überhaupt bezeichnet. «Die Anagnorisis», führt er aus, «ist, wie der Name besagt, ein Übergang von Unkenntnis zum Erkennen, sei es zu Liebe oder zu Haß der zum Glück oder Unglück bestimmten Gestalten… Findet sie zwischen Personen statt, so kann sie sich, sofern die eine bekannt ist, nur auf die andre beziehen; es kann aber auch geschehen, daß sich beide gegenseitig erkennen.» Aristoteles führt als Beispiele Ödipus und Iphigenie an. Was aber Euripides im «Ion» bietet, übertrifft an Kunst oder Künstlichkeit alles Erdenkliche. Ion lebt im Tempel Apolls. Er kennt sich selber nicht, und auch die andern wissen nicht, wer er ist. Seine Begegnung mit Kreusa bereitet das Erkennen vor. Der Zuschauer, der, von Hermes im Prolog im voraus orientiert, den tragisch-ironischen Doppelsinn der Worte schon richtig versteht, da die Redenden noch im Irrtum befangen sind, meint, ihnen zu Hilfe eilen und der Stimme des Herzens, der Sympathie, die zwischen den beiden von Anfang an waltet, zum leichten Sieg verhelfen zu müssen. Aber der Schimmer des Heils erlischt, und zwischen Ion und Xuthos findet zunächst ein falsches Erkennen statt.

Hier spricht das Herz nicht; Ion bleibt kühl; und nur vernünftige Überlegung zwingt ihn, Xuthos als Vater zu ehren. Dann, nachdem die Intrige den spannungsreichen Verlauf unterbrochen hat, bestätigt die Pythia Xuthos' Erklärung, trägt aber bereits das Körbchen am Arm, das Kreusa wiedererkennen wird. In dem Augenblick, da sich Mutter und Sohn aufs feindlichste gegenüberstehen, klärt sich auch ihr Schicksal auf, nun aber wieder auf Kosten des Xuthos. Ion muß glauben – und glaubt es gern – daß er der Sohn Kreusas sei. Daß aber Apollon ihn gezeugt, dies anzuerkennen, sträubt er sich noch. Und so vollendet die Anagnorisis erst das Machtwort der Pallas Athene. Xuthos freilich bleibt im Irrtum. Euripides kümmert sich nicht mehr um ihn. Der Zuschauer aber findet wohl schwerlich Zeit, darüber nachzudenken. Das über die Maßen geistreiche Spiel hat seine Seele zu sehr erregt. Auch alles andere, was zu Fragen Anlaß gibt, wird er vergessen. Und also triumphiert die Kunst des tragischen Meisters am Ende doch. Denn was sich der Hörer am andern Tag überlegt, kann ihm eher gleichgültig sein, wenn nur das Experiment mit unsern Gefühlen im Theater gelingt.

ION

Personen

Hermes
Ion
Chor, Dienerinnen Kreusas
Kreusa
Xuthos
Greis
Diener Kreusas
Pythia
Athene

Vor dem Tempel Apollons in Delphi

HERMES *(tritt auf)*.

Dem Atlas, der den alten Sitz der Götter
Auf eh'rnen Schultern trägt, hat eine Göttin
Ein Kind geboren, Maia, die mich, Hermes,
Den Götterboten, Zeus, dem Höchsten, schenkte.
In Delphi bin ich hier, wo auf dem Nabel
Der Erde Phoibos thront und Sterblichen,
Was ist und sein wird, allzeit offenbart.
Nicht unberühmt ist eine Stadt der Griechen,
Benannt nach Pallas mit der goldnen Lanze,
Wo Phoibos mit Gewalt Erechtheus' Tochter   10
Kreusa sich verband an Pallas' Hügel
Im Norden Attikas bei felsigen Höhn,
Die jenes Landes Herren Makrai nennen.
Dem Vater blieb des Leibes Last verborgen –
Nach Phoibos' Willen. Als die Stunde kam,
Gebar sie einen Sohn daheim und trug
Das Kind in jene Höhle, wo der Gott
Sich ihr genaht und setzt' es, als zum Tode,
In eines hohlen Körbchens Wölbung aus,
Den Ahnen treu und Erichthonios,   20
Dem Erdentsproßnen, den die Tochter Zeus',
Nachdem sie ihm ein Schlangenpaar als Hüter
Des Lebens beigelegt, Aglauros' Töchtern
Vertraute. Seither pflegen ihre Kinder
Die Erechthiden aufzuziehn, geschmückt
Mit goldnen Schlangen. Und so wand das Mädchen
Den Schmuck ums totgeweihte Kind und schied.
Mein Bruder Phoibos aber kam und bat mich:
«Geh zu dem erdentwachsnen Volk Athens –
Du kennst der Göttin Stadt, die hochberühmte –   30

13

Nimm aus der Felsenkluft das Neugeborne
Im Korbe samt den Windeln, die es trägt,
Und brings zu meinem Sehersitz nach Delphi
Und leg es hin vor meines Hauses Schwelle.
Das andre – daß du's weißt: das Kind ist mein –
Sei meine Sorge». Meinem Bruder Phoibos
Willfahrte ich, nahm den geflochtnen Korb
Und legte auf dem Boden dieses Tempels
Das Knäblein nieder. Daß es sichtbar sei,
40 Tat ich des Korbs gewölbten Deckel auf.
Doch als die Sonnenpferde höher stiegen,
Betrat die Priesterin das Heiligtum.
Ihr Blick fiel auf das zarte Kind. Sie staunte,
Daß in des Gottes Haus ein delphisch Mädchen
Geheimen Umgangs Frucht zu bringen wage,
Und dacht', es zu entfernen vom Altar.
Doch Härte wich dem Mitleid – und ein Gott
Half mit, daß nicht das Kind verstoßen würde.
Sie nahm's und zog es auf, unwissend, daß
50 Apoll der Vater, wer die Mutter sei.
Und auch das Kind kennt seine Eltern nicht.
Als Knabe spielte es um die Altäre
Im Vorraum. Doch gereift zum Jüngling, ward es
Als Hüter von Apollons Gold und treuer
Verwalter von den Delphern eingesetzt.
Stets lebt er fromm seither im Haus des Gottes.
Kreusa aber, die das Kind geboren,
Vermählte sich mit Xuthos. So geschah's:
Die Chalkedonter in Euboia und
60 Das Volk Athens ergriff die Flut des Krieges.
Da zog er mit und kämpfte und gewann
Die Hand Kreusas sich, obwohl ein Fremder,
Des Aiolos, des Zeusentstammten, Sohn,

14

Achaier von Geburt. Schon lang vermählt,
Sind sie doch kinderlos. Drum haben beide
Sich aufgemacht zum Heiligtum Apollons
Und wünschen sich ein Kind. So fügt' es Phoibos,
Der nicht des Sohns vergessen, wie es scheint.
Wenn Xuthos nun dies Heiligtum betritt,
Wird er den eignen Sohn ihm schenken, ihn   70
Als Vater nennen, daß den Sohn Kreusa
Erkenne, Phoibos' Bund verborgen bleibe
Und doch das Kind behaupte, was ihm zukommt.
Er soll ein Reich in Asien begründen,
Und «Ion» soll sein Name sein in Hellas.
Nun will ich in die Lorbeergrotten gehen,
Um das Geschick des Jünglings zu vernehmen.
Schon, seh ich, tritt der Sohn Apolls heraus,
Mit Lorbeerreisern seines Tempels Hof
Zu säubern. Mit dem künftigen Namen Ion   80
Begrüß ich ihn als erster von den Göttern. *(Ab)*.
ION *(tritt aus dem Tempel)*.
Siehe! Mit leuchtendem Viergespann
Glänzt Helios über die Erde schon.
Die Sterne fliehn vor des Himmels Glut
In heilige Nacht.
Parnassos' unersteigliche Höhn
Erstrahlen im Licht, berührt vom Tag,
Der für die Sterblichen anbricht.
Dorrender Myrrhe Duft steigt auf
Zu Phoibos' Gebälk.   90
Thronend auf heiligem Dreifuß singt
Den Griechen die delphische Frau den Spruch,
Mit dem Apoll sie umtönte.
Ihr Delpher! Phoibos' Gesinde, auf!
Zieht hin zur silbern schimmernden Flut

Kastalias, schöpfet das Wasser dort,
Das lautre, dann steigt zum Tempel hinan,
Weiht frommer Rede den Mund, und nahn,
Die fragen um Rat,
100 So redet zu ihnen ein gutes Wort
Von angemessenen Lippen.
Ich aber, ich will, womit ich als Kind
Mich schon gemüht, den Hof Apolls
Mit Lorbeerzweigen und heiligem Reis
Reinkehren und mit Tropfen den Grund
Befeuchten, die Schwärme der Vögel auch,
Die um die heiligen Gaben ziehn
Und rauben, verjagen mit meinem Pfeil.
Denn Vater und Mutter kenne ich nicht
110 Und besorge das Haus
Apollons, das mich ernähret.
Wohlan, mein Helfer, grünendes Reis
Des schönsten Lorbeers, das säubert die Flur
Bei Phoibos' Tempel,
Entsprossen aus un-
Verwelklichen Gärten,
Wo heiliges Naß,
Das sendet die immerquellende Flut
Der Quellen empor,
120 Das heilige Laub der Myrthe benetzt:
Ich säubre mit dir des Gottes Grund
Jedweden Tag, wenn die Sonne sich hebt
Mit schneller Schwinge,
In täglichem Dienst.
O Paian! o du,
Der Leto Sohn!
Sei selig, selig immerdar!
Schön ist, Apoll, die Mühe für dich

16

Vor deinem Hause, dem Sehersitz,
Den ehrt mein Dienst; 130
O rühmliche Müh',
Die dienende Hand
Den Sterblichen nicht,
Den Göttern, die ewig leben, zu leihn.
In geweihtem Dienst
Zu schaffen, werde ich nimmer müd.
Mein Vater, Erzeuger ist Phoibos. Zu Recht
Nenne ich Vater, was mich ernährt
Und was mir hilft
Im Tempel Apolls. 140
O Paian! o du
Der Leto Sohn!
Sei selig, selig immerdar!
Nun aber genug
Der Arbeit mit dem Lorbeerzweig.
Aus goldenen Schalen gieße ich noch
Der Gaia Flut, die sprudelt empor
Kastalias Quell.
Ich sprenge das Naß,
Keusch, Lust der Liebe befleckt mich nicht. 150
Daß niemals ende solcher Dienst
Für Phoibos, und endet er dennoch einst,
So sei's in gütigem Schicksal.
Ah! Ah!
Da lassen die Gefiederten schon
Ihr Nest am Parnaß und schwärmen dahin.
Ich ruf euch: Streift das Gesimse mir nicht
Und nicht die goldnen Gemächer.
Mit Pfeilen treffe ich wiederum dich,
Du Bote des Zeus, der besiegt die Kraft
Der Vögel mit seinem Schnabel. 160

Da rudert ein anderer zum Altar,
Ein Schwan. Was lenkst du nicht weg von hier
Die purpurschimmernden Füße?
Heute beschützt die Leier Apolls
Dich nicht, die stimmet zum Bogen.
So hebe die Schwingen auf und zieh
Zu den Gefilden von Delos.
Ich besudle mit Blut, gehorchst du mir nicht,
Die reingestimmten Gesänge.
170 Ah!
Welch neuer Vogel nahet sich da?
Will er sich am Gesims ein Nest
Von Halmen für seine Jungen bau'n?
Des Bogens Schwirren scheucht dich hinweg.
Gehorchst du mir nicht? Zieh hin zur Flut
Des Alpheios oder zum isthmischen Hain,
Zu nisten und auszubrüten,
Daß nicht die Weihgeschenke Apolls
Im Tempel Schaden erleiden.
Zwar euch zu töten, trage ich Scheu.
180 Denn ihr verkündet der Götter Wort
Den Sterblichen. Aber der Müh', die mir
Obliegt für Phoibos, walt' ich, und die
Mich erhalten, ehre ich treulich.

(Der Chor zieht ein)

CHOR *(die Bilder betrachtend)*.
Nicht in der heiligen Stadt Athen
Allein sind Höfe, mit Säulen geziert,
Und Weihestätten am Rande des Wegs,
Sondern bei Loxias auch, dem Sohn
Der Leto, leuchtet vom Angesicht
190 Des Paars das schönbewimperte Licht.

18

Sieh hier! Die lernäische Schlange erlegt
Mit goldener Sichel der Sohn des Zeus.
Betracht' es, Liebe, mit Augen!
　　Ich seh's. Und nahe zur Seite ihm hebt
　　Ein andrer die lodernde Fackel empor.
　　Ist *er's*, von dem wir am Webstuhl uns
　　Erzählen, Jolaos, schildbewehrt,
　　Der mit dem Sohne des Zeus vereint
　　Gekämpft und die Mühen bestanden? Auch ihn　　　200
　　Beschaue, der sitzt auf fliegendem Pferd
　　Und erlegt die dreigestaltige Kraft
　　Des feuerschnaubenden Untiers.
Ringsum jage die Wimper ich hin.
Hier auf den steinernen Mauern sieh
Die Giganten in des Kampfes Gewühl!
　　Wir sehen es wohl, Geliebte.
Und schau dort, über Enkelados,
Wie sie den Schild der Gorgo schwingt?　　　210
　　Athene, unsere Göttin!
Und wie? Den umflammten gewaltigen Blitz
In Zeus' ferntreffenden Händen?
　　Ich seh's. Den feindlichen Mimas brennt
　　Er nieder mit seinem Feuer.
Und einen anderen Sohn der Ga
Streckt mit dem friedlichen Efeustab
Zu Boden Bromios Bacchos.

(Zu Ion gewendet)

Dich vor dem Tempel rufe ich an:
Ist mir's erlaubt, mit blankem Fuß　　　220
　　Die Schwelle zu betreten?
ION. Verwehrt ist's, fremde Frauen!
CHOR.　　　　　　　　　　So hör'

Ich eine Kunde doch wohl von dir?

Ion. Die wäre?

Chor.   Umschließt in Wahrheit das Haus
Apolls den Nabel der Erde?

Ion. In Binden gehüllt, Gorgonen rings.

Chor. So kündet es auch die Sage.

Ion. Wenn ihr im Hofe das Opfer gebracht
Und wünscht zu vernehmen von Phoibos ein Wort,
Betretet die Stätte! Doch habt ihr kein Lamm
Geschlachtet, meidet das Innre!

Chor. Ich fasse es wohl. Des Gottes Gesetz
230 Überschreiten wir nicht. Was außen erscheint,
Soll unser Auge erfreuen.

Ion. Betrachtet alles, was euch erlaubt.

Chor. Die mir gebieten, sandten mich aus,
Die Hallen des Gottes anzuschau'n.

Ion. Und wessen Mägde seid ihr genannt?

Chor. Der Pallas nährende Häuser sind
Die Sitze meiner Gebieter.
Hier aber erscheint, nach der du fragst.

(Kreusa ist aufgetreten).

Ion. Wer du auch seist, o Frau, dir eignet Adel,
Und die Erscheinung zeugt von deinem Wesen.
Denn meist vermag, wer eines Menschen Äußres
240 Erblickt, zu sagen, ob er edel ist.
Nun wohl —
Doch schreckst du mich. Du senktest deine Lider,
Und Tränen netzten dir die schöne Wange,
Da du Apollons Heilgtum erblicktest.
Warum gerietest du in solche Trübsal?
Wo alle, die des Gottes Wohnung schauen,
Frohlocken, fließen Tränen dir vom Auge?

KREUSA. Unschicklich, Fremdling, ist es nicht von dir,
    Wenn du dich wunderst über meine Zähren.
    Mir aber stieg, als ich Apollons Haus
    Hier sah, ein alt Erinnern wieder auf.   250
    Obwohl ich hier bin, war mein Geist daheim.
    O wir unselgen Frauen! O der Götter
    Erdreisten! Wie? Wo schaffen wir uns Recht,
    Wenn wir verderben durch der Mächtigen Unrecht?
ION. Was grämt dich Unerfindliches, o Weib?
KREUSA. Nichts! Meine Pfeile ruhen. Schweigen will ich
    Von allem, und du sinne dem nicht nach.
ION. Wer bist du? Woher kommst du? Welches Land
    Gebar dich? Und wie müssen wir dich nennen?
KREUSA. Kreusa ist mein Name. Mich erzeugte   260
    Erechtheus, und Athen ist meine Heimat.
ION. Von welch berühmter Stadt, welch edlen Vätern
    Entstammst du! Wie verehr ich dich, o Frau!
KREUSA. So weit reicht unser Glück, nicht weiter, Fremdling.
ION. Erzählen, bei den Göttern, wahr die Menschen...
KREUSA. Was ist's, o Fremdling, das du wissen willst?
ION. Stammt aus der Erde deines Vaters Ahn?
KREUSA. Ja, Erichthonios. Doch was hilft das mir?
ION. Und nahm Athene ihn vom Boden auf?
KREUSA. In Jungfraunarme, die ihn nicht gebar.   270
ION. Gab ihn, wie die Gemälde uns bedeuten...
KREUSA. Zur Hut, doch unbesehn, des Kekrops Töchtern.
ION. Die, hört, ich, öffneten der Göttin Korb.
KREUSA. Und färbten sterbend drum den Fels mit Blut.
ION. Nun denn –
    Doch wie? Ist's Wahrheit? Ist es ein Gerücht...
KREUSA. Was kümmert dich? Die Muße reut mich nicht.
ION. Einst opferte Erechtheus deine Schwestern.
KREUSA. Entschlossen gab er für das Land ihr Blut.

Ion. Und wie geschah's, daß du allein bewahrt bliebst?

280 Kreusa. Im Arm der Mutter lag ich, neugeboren.

Ion. Und deinen Vater barg ein Schlund der Erde?

Kreusa. Der Meergott schlug ihn mit dem Dreizack nieder.

Ion. Und Makrai ist die Stätte dort benannt?

Kreusa. Was fragst du dies? Du weckst Erinnerung.

Ion. Apollon ehrt sie und der Blitz Apolls.

Kreusa. Ehrt und entehrt! Hätt' ich sie nie gesehn!

Ion. Du hassest, was dem Gott das Liebste ist?

Kreusa. Nicht! Aber Schande, weiß ich, barg die Kluft.

Ion *(nach kurzer Pause).*

Wer unter den Athenern freite dich?

290 Kreusa. Kein Bürger ist's. Er kam aus fremdem Land.

Ion. Und heißt? Von edlem Stamme muß er sein.

Kreusa. Xuthos, Zeus' Enkel, Sohn des Aiolos.

Ion. Wie ward der Fremde dein, der Bürgrin, Gatte?

Kreusa. Die Stadt Euboia ist Athen benachbart...

Ion. Durch Wasserschranken, heißt's, von ihr geschieden.

Kreusa. Die nahm er ein, im Bund mit Kekrops' Enkeln.

Ion. Ihr Helfer? Und gewann sich so dein Lager?

Kreusa. Als Mitgift für den Krieg und Ehrengabe.

Ion. Kommst du allein, kommst du mit dem Gemahl?

300 Kreusa. Mit ihm. Trophonios' Bezirk besucht er.

Ion. Als Gast nur, oder einen Spruch begehrend?

Kreusa. Ein Wort von ihm und Phoibos will er hören.

Ion. Fragt ihr nach Kindern, nach der Frucht des Feldes?

Kreusa. Schon lang vermählt, sind wir noch kinderlos.

Ion. So bist du Mutter nicht, hast keine Kinder?

Kreusa. Apollon weiß, ob je mein Schoß gebar.

Ion. Du Ärmste! Glücklich sonst und doch unglücklich!

Kreusa. Wer bist du? Selig preis ich deine Mutter.

Ion. Des Gottes Diener heiß und bin ich, Frau.

310 Kreusa. Gekaufter Sklave? Eurer Stadt Geschenk?

ION. Nur eines weiß ich: Ich gehöre Phoibos.

KREUSA. So muß ich wieder dich beklagen, Fremdling.

ION. Weil ich nicht weiß, wer mich gebar und zeugte?

KREUSA. Wohnst du im Tempel hier, in einem Haus?

ION. In Gottes Wohnung leg ich mich zum Schlummer.

KREUSA. Kamst du als Kind, als Jüngling erst zum Tempel?

ION. Als Kind schon, sagen, die's zu wissen meinen.

KREUSA. Und eine Frau von Delphi zog dich auf?

ION. Nie kannt' ich Frauenbrüste. Die mich aufzog...

KREUSA. Wer war's, du Ärmster? Leidend fand ich Leiden.   320

ION. Die Seherin Apollons nenn' ich Mutter.

KREUSA. Wer nährte dich, bis du zum Jüngling reiftest?

ION. Hier die Altäre, Pilger, die da kamen.

KREUSA. Arm ist, die dich gebar. Wer war sie wohl?

ION. Kann sein, aus einer Frau Vergehn erwuchs ich.

KREUSA. Doch lebst du gut. Schön ziert dich dein Gewand.

ION. Des Gottes Habe, dem ich diene, schmückt mich.

KREUSA. Der Eltern Spur hast du nicht nachgeforscht?

ION. Ich habe nicht ein einzig Zeugnis, Frau.

KREUSA. Ach!   330
    Wie *deine* Mutter leidet eine andre.

ION. Wer ist's? Wenn wir uns helfen, glückt's vielleicht.

KREUSA. Um ihretwillen kam ich vor dem Gatten.

ION. In welcher Absicht? Helfen möcht' ich, Frau.

KREUSA. Geheimen Spruch von Phoibos zu erbitten.

ION. Sprich aus! Das andre hoff ich zu vermitteln.

KREUSA. Vernimm die Kunde denn... Doch Scham ergreift

ION. So richtest du nichts aus. Die Scham ist träge.   [mich.

KREUSA. Sie habe mit Apoll geschlafen, sagt sie.

ION. Apoll mit einem Weib? So rede nicht!

KREUSA. Und im Verborgnen ihm ein Kind geboren.   340

ION. Niemals! Sie schämt sich menschlichen Vergehens.

KREUSA. Dies leugnet sie. Und schwer hat sie gelitten.

ION. Wie dies, wenn sich ein Gott zu ihr gesellt?

KREUSA. Das Neugeborne hat sie ausgesetzt.

ION. Wo ist das ausgesetzte? Lebt es noch?

KREUSA. Das weiß niemand. Drum frage ich den Gott.

ION. Und wenn es nicht mehr lebt, wie kam es um?

KREUSA. Sie fürchtet, Tiere haben es getötet.

ION. Nach welchen Zeichen kann sie dies vermuten?

350 KREUSA. Sie fand's nicht mehr, wo sie es hingelegt.

ION. Und war von Tropfen Bluts die Spur gezeichnet?

KREUSA. Nichts war zu sehn, wie eifrig sie auch forschte.

ION. Wie lang ist's her, seit ihr das Kind verschwunden?

KREUSA. Es hätte, lebt' es, etwa deine Jahre.

ION. Unrecht tat ihr der Gott, der armen Mutter.

KREUSA. Nie hat sie wieder einen Sohn geboren.

ION. Wie? Wenn ihn Phoibos heimlich aufgezogen?

KREUSA. So nahm er sich, was beider Eigentum.

ION. Ach! Wie dies Los zu meinem Leiden stimmt.

360 KREUSA. Auch dich verlangt nach deiner armen Mutter.

ION. Erwecke nicht den Schmerz, den ich vergessen.

KREUSA. Ich schweige. Doch vollende, was ich fragte.

ION. Weißt du, woran dein Wort am meisten krankt?

KREUSA. Was krankte nicht an jener Unglückselgen?

ION. Enthüllt der Gott, was er verbergen will?

KREUSA. Für alle Griechen thront er auf dem Dreifuß.

ION. Er schämt sich des Vergehns. Bedräng ihn nicht!

KREUSA. Sie aber quält das Los, das sie erlitten.

ION. Nein, da ist niemand, der dir dies enthüllt.

370   Apoll, im eignen Hause überführt,
        Er würde dem mit Recht ein Leides tun,
        Der dir's verkündigte. Entferne dich!
        Es frage keiner, was dem Gott nicht ansteht.
        Denn bis zu welcher Torheit kämen wir,
        Wenn wir die Götter nötigten, zu sagen,

Was sie nicht wollen, sei's im Vogelflug,
Sei's auf Altären, in dem Blut der Schafe.
Was wir, zum Trotz den Göttern, heftig suchen,
Die Güter trotzen wieder uns, o Weib.
Doch was sie willig geben, ist ein Segen.　　　　380
CHOR. Vielfaches Schicksal wird zuteil den vielen.
Es wechseln die Gestalten. Reines Glück
Entdeckt wohl keiner je im Menschenleben.
KREUSA. O Phoibos! Unrecht tust du, hier, wie dort
Der Fernen, deren Worte ich vertrat,
Da du nicht rettest, den du retten solltest,
Und, Seher, einer Mutter nicht Bescheid gibst,
Daß sich ein Hügel wölbte, wenn er tot ist,
Und lebt er, seiner Mutter Aug ihn sähe.
Ich muß es fahren lassen, wenn der Gott　　　　390
Uns wehrt, was ich begehre, zu vernehmen.
　　Doch, Fremdling, meinen edlen Gatten Xuthos
Seh ich hier nahen, der Trophonios' Höhle
Verlassen hat. Verschweig ihm unsre Reden.
Erspare mir die Scham, daß ich Geheimes
Auftische, und verhüte, daß das Wort
Sich anders, als wir es gemeint, entwickelt.
Denn schwierig ist der Frauen Stand vor Männern.
Die Edlen mischt man unter die Gemeinen
Und schmäht sie mit. So unglückselig sind wir.　　　　400
XUTHOS *(tritt auf)*.
Den Erstling meiner Grüße soll der Gott
Empfangen. Heil ihm! Heil auch dir, mein Weib!
Hat dich mein spätes Kommen wohl geängstigt?
KREUSA. Dies nicht. Du kamst, wie ich gehofft. Doch sprich!
Was hat Trophonios dir offenbart?
Wird unser Blut sich noch in Kindern mischen?
XUTHOS. Er hielt dafür, dem Spruch Apolls nicht vor-

25

Zugreifen. Eins nur sagt er: Kinderlos
Zögst du und ich nicht heim vom Sitz des Sehers.
410 KREUSA. O Phoibos' hehre Mutter! Kämen wir
Zu gutem Ziel, und was uns einst verbunden
Mit deinem Sohne, wend es sich zum Bessern!
XUTHOS. Es wird geschehn. Wer spricht das Wort des Gottes?
ION. Wir walten außen, andere im Innern,
Die nah am Dreifuß sitzen, Fremdling, aus
Der Stadt die Besten, die das Los erkoren.
XUTHOS. Wohl denn. So hab ich alles, was ich wünschte.
Ich will hineingehn. Denn für alle Pilger
Gemeinsam, hör ich, werde vor dem Tempel
420 Das Tier geschlachtet. Heut' – es ist ein Tag
Der Gnade – höre ich den Spruch des Gottes.
Du nimm die Lorbeerzweige, Frau, und bete
An den Altären, daß ein glücklich Wort
Von Kindern mir im Haus Apolls beschert sei. *(Ab)*.
KREUSA. Geschehen soll's, geschehn. Wenn Phoibos jetzt
Nur früheres Verbrechen tilgen wollte,
Noch wär er mir nicht völlig hold. Doch was
Er böte, nähm ich. Denn er ist ein Gott. *(Ab)*.
ION. Was schmäht die Fremde immer in geheimen
430 Und rätselhaften Worten auf den Gott?
Weil sie die andre liebt, für die sie fragt?
Weil sie verschweigt, was sie verschweigen muß?
Was kümmert mich die Tochter des Erechtheus?
Ich habe nichts mit ihr zu tun. – Mit goldnen
Gefäßen will ich gleich, den Tau zu sprengen,
Zum Becken gehn. – Doch tadeln muß ich Phoibos.
Was kommt ihn an? Zwingt Jungfraun seinem Willen?
Verläßt sie dann? Setzt Kinder aus und läßt
Sie sterben? Nein! Du hast die Macht, so übe
440 Die Tugend auch! Wenn je ein Sterblicher

26

Zum Frevler wird, so strafen ihn die Götter.
Ist's Recht, daß ihr den Sterblichen Gesetze
Vorschreibt und selber die Gesetze brecht?
Wenn ihr – es wird nicht sein; so red ich nur –
Für Liebe, die ihr euch erzwungen, büßt,
Du selbst, Poseidon, Zeus, der Herr des Himmels,
Die Frevel sühnend, leert ihr eure Tempel.
Wenn unbedenklich ihr den Lüsten frönt,
So fehlt auch ihr. Und füglich heißen nicht
Die Menschen böse, die der Götter Sitte   450
Nachahmen, sondern sie, die's uns gelehrt. *(Ab)*.
CHOR. Sie, die nie der Geburt
    Wehn erfahren, rufe ich an,
    Athene, die einst Prometheus, der
    Titan, entbunden aus Zeus'
    Erhabenem Haupt!
    Zum pythischen Haus
    O komme, selige Nike!
    Von goldnen Gemächern des Olymps
    Fliege zu Pfaden, wo   400
    In Phoibos' Land,
    Der Herd beim Nabel der Erde
    Am Dreifuß, den Reigen feiern, uns
    Orakelsprüche verkündet.
    Komm du selbst und der Leto Kind,
    Zwei Göttinnen ihr, zwei Jungfraun, ihr
    Apollons heilige Schwestern.
    Ihr Mädchen, fleht,
    Daß Erechtheus' alt
    Geschlecht in reinen Sprüchen noch spät   470
    Der Kinder Glück beschert sei.

    Überschwenglichen Glücks
    Niemals wankende Stütze besteht

Den Sterblichen, denen von Kindern erblüht
Fruchtreicher Jugendglanz,
In der Väter Gemach,
Von Ahnen ererbt,
Das Gut andern Geschlechtern
480   Zu überliefern. Denn Schirm in der Not
Und Wonne ist es im Glück
Und bringt im Krieg
Dem Vaterland Schutz und Heil.
Höher gilt mir als Reichtum und
Als königliche Gemächer
Von lieben Kindern die teure Zucht.
Ein Leben jedoch, das der Kinder entbehrt,
Ist mir verhaßt, und ich tadle,
Wem es gefällt.
Bei mäßigem Gut
490   Mit Kindern wohlgesegnet, möcht
Ein Leben ich gewinnen.

O Stätte des Pan, und ihm
Zur Seite, du Fels
In Klüften der Makrai,
Wo regen den Fuß
Im Tanze die ländlichen Nymphen,
Bei Pallas Tempel
Auf grüner Bahn
Zum wechselnden Ton,
500   Wenn auf der Schalmei
Du flötest, o Pan,
In deinen dämmernden Grotten,
Wo Phoibos ein Kind
Die Jungfrau gebar, die unselige, und
Es ausgesetzt den Vögeln zum Fraß,
Und wilden Tieren zu blutigem Raub,

Den Frevel bittrer Vermählung.

Nie hört ich am Webstuhl und im Gespräch,
Daß Glück beschieden den Kindern
Der Menschen, die Götter erzeugten.

ION *(tritt auf)*.

Sagt, ihr Mägde, die ihr Wache haltet vor des Gottes Haus, 510
Das von Weihrauch duftet, Frauen, die ihr eurer Herrin harrt,
Hat den heilgen Dreifuß schon verlassen und den Sehersitz
Xuthos oder weilt er und erforscht sein kinderlos Geschick?

CHOR. Drin verweilt er, Fremdling. Noch betrat sein Fuß die
Schwelle nicht.
Doch als trät er eben jetzt ins Freie, hören wir des Tors
Knarren. Und schon siehst du unsern Herrscher, der das
Haus verläßt.

XUTHOS *(tritt auf)*. Freu dich, Kind! Die Rede also zu beginnen,
steht mir an.

ION. Froh bin ich. Sei du besonnen. Beide fahren wir dann wohl.

XUTHOS. Gib die Hand, der Liebe Zeichen, und umfangen lasse
dich.

ION. Wie? Bist du bei Sinnen, Fremdling? Schlug mit Wahn- 520
sinn dich ein Gott?

XUTHOS. Wär es Wahn, wenn ich das Liebste, das ich fand,
nicht lassen will?

ION. Rühre mich nicht an! Laß ab! Zerreiße nicht des Gottes
Kranz!

XUTHOS. Nur berühren, mit Gewalt nicht! Ward mir doch das
liebste Gut!

ION. Weichst du nicht, bevor der Pfeil des Bogens dir die Brust
durchbohrt?

XUTOS. Was entziehst du dich, so du erkennst, was dir das
Liebste ist?

ION. Ungeschlachte Narren zu belehren, ist mein Liebstes nicht.

XUTHOS. Morde! Senge! Deines Vaters Mörder bist du, triffst
du mich.

ION. Wie das? Du mein Vater? Du? Zum Lachen reizt mich
dein Geschwätz.

XUTHOS. Nicht doch! Klar wird dir der Gang der Rede zeigen,
530 ION. Wie erklärst du's mir?   [wer ich bin.

XUTHOS.   Ich bin dein Vater, und du bist mein Sohn
ION. Wer bekundet dies?

XUTHOS.   Der als mein Kind dich auferzog, Apoll.
ION. Du allein verbürgst es.

XUTHOS.   Ich vernahm des Gottes Seherspruch.
ION. Rätselworte haben dich getäuscht.

XUTHOS.   So hab ich falsch gehört.
ION. Doch wie lautet Phoibos' Rede?

XUTHOS.   Er, der mir begegnen wird ...
ION. Wann begegnen werde?

XUTHOS.   Wenn mein Fuß des Gottes Haus verläßt.
ION. Diesem also sei das Schicksal zugeteilt ...

XUTHOS.   Mein Sohn zu sein.
ION. Dir geschenkt? Von dir gezeugt?

XUTHOS.   Geschenk zugleich und meines Bluts.
ION. Und dein Fuß ist mir zuerst begegnet?

XUTHOS.   Keinem andern, Kind.
ION. Dies Geschick, wie fügt es sich?

XUTHOS.   Mir ist es rätselhaft wie dir.
540 ION. Sei's! Wer ist die Mutter, die mich dir geschenkt?

XUTHOS.   Ich weiß es nicht.
ION. Schwieg Apoll von ihr?

XUTHOS.   In meiner Freude fragt ich nicht danach.
ION. Wäre ich ein Sohn der Erde?

XUTHOS.   Kinder zeugt der Boden nicht.
ION. Wie denn wär ich dein?

XUTHOS.   Ich weiß es nicht. Ich baue auf den Gott.

Ion. Wohl! So laß uns ernsthaft reden!

Xuthos.   Besser wird es sein, mein Kind.

Ion. Bist du andern Frauen je genaht?

Xuthos.   In Jugendtorheit wohl.

Ion. Ehe du Erechtheus' Tochter freitest?

Xuthos.   Später niemals mehr.

Ion. Damals also hast du mich gezeugt?

Xuthos.   Wohl träfe zu die Zeit.

Ion. Aber wie bin ich hierher gekommen?

Xuthos.   Dunkel bleibt es mir.

Ion. Auf so langem Pfade wandernd?

Xuthos.   Dies verwirrt auch mir den Geist.

Ion. Kamst du früher schon zu Pythos Fels?   550

Xuthos.   Zu Bacchos' Feier einst.

Ion. Und wie hieß, der dich bewirtet?

Xuthos.   Der mit Mädchen Delphis mich ...

Ion. Eingeführt – so willst du sagen?

Xuthos.   Ja, in der Mänaden Schar.

Ion. Warst du nüchtern? Warst du trunken?

Xuthos.   Von des Bacchos Lust berührt.

Ion. Da geschah's, daß du mich zeugtest?

Xuthos.   So enthüllt es sich, mein Kind.

Ion. Wie gelangt' ich in den Tempel?

Xuthos.   Ausgesetzt von ihr vielleicht.

Ion. Also bin ich denn kein Sklave.

Xuthos.   Nimm jetzt deinen Vater an.

Ion. Wohl. Es ziemt sich nicht, der Gottheit zu mißtraun.

Xuthos.   So denkst du recht.

Ion. Könnt ich andres wünschen ...

Xuthos.   Was du sehen mußt, das siehst du jetzt.

Ion. Als vom Sohn des Zeus zu stammen?

Xuthos.   So bestimmt es dein Geschick.

Ion. Also fand ich ihn, der mich erzeugt?   560

XUTHOS.   Wenn du dem Gott vertraust.

ION. Sei gegrüßt, mein Vater ...

XUTHOS.   Lieblich ist der Gruß, der mir erklingt.

ION. Und der Tag, der heut erschienen!

XUTHOS.   Selig hat er mich gemacht.

ION. O geliebte Mutter! Werd ich einst auch dir ins Antlitz sehn?
 Mehr als je verlangt mich, wer du immer seist, dich anzu-
           schaun.
 Doch vielleicht bist du gestorben, und vermag ich's
           nimmermehr.

CHOR. Das Glück des Hauses ist auch unser Glück.
 Doch wollt ich, meine Herrin und das Haus
 Erechtheus' werde gleichfalls froh in Kindern.

XUTHOS. Mein Kind! Ein Gott hat richtig es vollendet,

570 Daß ich dich fand, hat dich mit mir vereint.
 So ward auch dir das Liebste ungeahnt.
 Doch was mit Fug dich zieht, begehr auch ich:
 Daß du, ein Sohn, die Mutter wieder findest,
 Und ich die Frau, aus der du mir erwachsen.
 Wohl finden wir's, wenn wir der Zeit vertraun.
 Verlasse nun des Gottes Flur, die Fremde,
 Und, gleichen Sinns wie ich, komm nach Athen,
 Wo dein des Vaters stolzes Szepter harrt
 Und großer Reichtum. Fehlt dir gleich die Mutter,

580 Du wirst darum nicht arm und niedrig heißen,
 Nein, hochgeboren und an Schätzen reich.
 Du schweigst? Was senkst du deinen Blick zur Erde?
 Du bist besorgt. Die frohe Stimmung wandelt
 Sich wiederum, und Angst befällt den Vater.

ION. Die Dinge bieten nicht denselben Anblick,
 Wenn wir sie fern, wenn wir sie nahe sehen.
 Willkommen heiß ich mein Geschick, daß ich
 Den Vater fand in dir. Doch höre, Vater,

Was ich bedacht: Kein eingewandert Volk,
Ein Urstamm, sagt man, wohne in Athen.   590
Gerat ich da hinein mit beiden Übeln,
Ein Bastard und des fremden Vaters Sohn,
Mit solcher Schmach behaftet, ohne Macht,
Bin ich ein Nichts und nichts werd ich auch gelten.
Und tracht ich, in dem ersten Rang der Stadt,
Nach einem Namen, blicken scheel die Schwachen.
Denn immer ist verhaßt der Überlegne.
Die aber klug sind und zur Tat befähigt,
Doch schweigen und der Ämter nicht begehren,
Sie lachen meiner Torheit, daß ich mich   600
Nicht ruhig halte in des Staats Gefahren.
Die aber in Athen die Rede führen,
Umlagern mich mit Antrag und Begehren,
Komm' ich zu Würden. Ja, so pflegt's zu gehn.
Denn niemand haßt den Nebenbuhler mehr,
Als wer in Staaten Amt und Einfluß hat.
Und komm ich gar ins fremde Haus von außen,
Zur kinderlosen Frau, die dein Geschick
Bisher geteilt, nun aber leer ausgeht
Und einsam bleibt in ihrem bittern Unglück,   610
Wär ich ihr nicht mit gutem Grund verhaßt,
Wenn ich erscheine neben dir, und gramvoll
Die Kinderlose deine Liebe sieht,
Du dann zur Gattin blickst, mich preisgibst oder
Mich vorziehst und dein Haus zugrunde richtest?
Wie manchen Mord und manch verderblich Gift
Erfanden Frauen schon, den Mann zu töten.
Zudem erbarmt mich deine Gattin, Vater,
Die ohne Kinder altert. Edler Abkunft,
Verdient sie nicht, an solchem Los zu leiden.   620
Die nur der Wahn erhebt, die Königswürde,

Ist schön von Angesicht, im Hause qualvoll.
Denn wie kann selig, wie kann glücklich sein,
Der ängstlich spähend seines Lebens Frist
Hinzieht. Im Glück des schlichten Bürgers möcht
Ich lieber leben, als ein König sein,
Der sich zu Freunden gern die Schurken wählt
Und, zagend vor dem Tod, die Edlen haßt.
Du sagst vielleicht: Gold überwiegt dies alles;
630 Reichtum ist süß. – Mich träfe schwer der Tadel,
Daß ich die Habe mühelos gewonnen.
Laß mir ein Los der Mitte ohne Leid. –
Nun höre, was mir hier an Gütern ward:
Die Muße, die der Mensch vor allem liebt,
Und mäßge Mühsal. Keiner drängt mit Tücke
Vom Wege mich. Und dies ist unerträglich:
Von Schlechteren bedrängt, den Platz zu räumen.
Zu Göttern betend, im Gespräch mit Menschen,
Dien ich den Frohen, nicht den Klagenden.
640 Die einen ziehen weg, die andern kommen.
So bleib ich immer neu und Neuen lieb.
Und was der Mensch selbst wider Willen wünscht:
Gesetz und Neigung haben mir gewährt,
Vor Gott gerecht zu sein. Erwäg ich dies,
So dünkt's mich besser hier als dort, mein Vater.
Laß hier mich leben. Bleibt das Glück doch gleich,
Sei's Lust am Großen, heitrer Sinn im Kleinen.
CHOR. Gar wohl gesprochen, wenn mit deinem Heil
Auch jene, die ich liebe, glücklich werden.
650 XUTHOS. Laß diese Reden. Lerne glücklich sein!
Wo ich dich fand, will ich beginnen, Kind,
Mit dir den Tisch, das Mahl zu teilen und,
Was nie geschehn, für die Geburt zu opfern.
Als Gast des Hauses will ich dich bewirten

Und dann, als meinen Sohn noch nicht, nur als
Besuch, in der Athener Land geleiten.
Denn ich bin nicht gewillt, mit meinem Glück
Die kinderlose Gattin zu betrüben.
Dereinst, zu rechter Zeit, beweg ich sie,
Mein Land und Szepter dir zu überlassen.   660
Ion! So nenn ich dich, gemäß der Fügung,
Daß du, als ich des Gottes Haus verließ,
Als erster mir begegnet. Auf! Besammle
Zum frohen Opfermahl der Freunde Schar
Und nimm, da du von Delphi scheidest, Abschied.
Euch Mägden aber leg ich Schweigen auf.
Schwatzt ihr vor meinem Weib, trifft euch der Tod.
ION. So geh ich. Aber eins fehlt meinem Glück:
    Wenn ich nicht sie, die mich geboren, finde,
    Ist mir das Leben nichts. Schickt sich ein Wunsch,   670
    So stamme meine Mutter aus Athen,
    Auf daß ihr Sohn die Stimme frei erhebe.
    Denn dringt ein Fremder in den echten Kreis,
    Heißt er zwar Bürger, seinem Mund jedoch,
    Als eines Knechtes, ist's verwehrt, zu reden. *(Beide ab)*.
CHOR. Tränen seh ich und Schreie der Qual
    Und der Seufzer Ansturm,
    Wenn meine Herrin den Gatten erblickt
    Mit einem Sohne gesegnet, sie selbst
    Aber kinderlos bleibt und unfruchtbar.   680
    O welchen Spruch, prophetischer Sohn
    Der Leto, hast du gesungen!
    Wes ist das Kind, das in deinem Haus
    Erwuchs, die Frau wo, die's gebar?
    Orakel kirren mich nicht. Ist hier
    Betrug am Werk? Ich schaudre zurück
    Vor dieses Schicksals Ausgang.

35

Seltsames nämlich bietet mir
690 Die seltsame Stimme des Gottes.
Trug birgt's. Ein Schicksal harret des Sohns,
Der ward gezeugt aus fremdem Blut.
Wer dächte nicht, wie wir denken?

Raunen wir's der Gebieterin nicht
Vernehmlich ins Ohr?
Der Gatte, auf den sie alles gesetzt
Und dessen Hoffen die Ärmste geteilt...
Nun siecht sie, im Elend. Ihm lacht das Glück.
700 Graues Alter naht ihr. Doch er
Mißachtet sie, die ihn lieben.
Unselig, der kommt von außen ins Haus
Zu großem Reichtum und teilt nicht das Los.
Verderben ihm, der die Herrin getäuscht!
Es glücke ihm nicht, wenn im Feuer er weiht
Den Göttern hellflammende Kuchen!
Was aber an mir ist, bleibe treu
710 Der angestammten Herrin. –
Beim Opfermahle rücken sie nun
Einander nahe, dem neuen Sohn
Der neu erstandene Vater.

Ihr, des Parnassos felsige Höhn,
Aufragend zu dem himmlischen Sitz,
Wo Bacchos die flammenden Fackeln schwingt
Und, raschen Fußes, im nächtlichen Schwarm der Bacchen
Nie komme der Knabe in meine Stadt!   [tanzt –
720 Aus neuem Tage reiß ihn der Tod!
Denn Grund zu seufzen fände Athen
Bei fremdem Andrang;
Genug ist mir, der früher das Land
Regiert, der Herrscher Erechtheus.

36

(Kreusa und ein Greis treten auf)

KREUSA. Erzieher, greiser, des Erechtheus, der
    Mein Vater war, als er im Lichte wohnte,
    Erhebe dich zum Sehersitz des Gottes
    Und freue dich mit uns, wenn das Orakel
    Des hehren Loxias von Kindern weissagt.
    Mit Freunden glücklich sein, erfreut das Herz.   730
    Kommt Leid – es möge nicht geschehn! – ist süß
    Der Blick in eines treuen Mannes Auge.
    Ich ehre dich, wie du den Vater ehrtest,
    Obwohl ich Herrin bin an Vaters Statt.
GREIS. Der Väter würdig, hegst du würdigen Sinn,
    O Tochter, und bereitest deinen Ahnen,
    Die aus der Erde sproßten, keine Schande.
    Zieh, zieh mich auf an deiner Hand zum Tempel.
    Steil ist des Sehers Sitz. Bemühe dich
    Für meine Glieder als des Alters Arzt.   740
KREUSA. Komm nach und achte wohl, wohin du trittst.
GREIS. Sieh!
    Der Fuß ist langsam, aber rasch der Geist.
KREUSA. Auf krummem Pfad gebrauch den Stab als Stütze.
GREIS. Auch der ist blind, da ich schon wenig sehe.
KREUSA. Du redest wahr. Ermatte dennoch nicht.
GREIS. Mit Willen nicht; doch meistr' ich kaum, was mangelt.
KREUSA. Ihr Frauen! An der Spindel und am Webstuhl
    Mein treu Gesinde! Kündet! Welchen Spruch
    Empfing mein Gatte um der Kinder willen,
    Um die wir kamen? Zeigt ihr Gutes an,   750
    Beglückt ihr keine undankbaren Herrn.
CHOR. Io! Daimon!
KREUSA. Der Rede Eingang deutet nicht auf Heil.
CHOR. Unselge!

KREUSA. Bringt Leid der Spruch, der den Gebietern ward?
CHOR. Wie nun? Was tun wir, wo der Tod uns droht...
KREUSA. Was soll dies Lied? Warum entsetzt ihr euch?
CHOR. Wie soll ich handeln? Sprechen oder schweigen?
KREUSA. Sprich! Denn du kennst ein Schicksal, das mich an-
760 CHOR. So sei's gesagt, und müßt ich zweimal sterben! [geht.
    Nie wirst du Kinder auf den Armen wiegen,
    O Herrin, keins an deine Brüste fügen.
KREUSA. O daß ich stürbe!
GREIS.   Tochter!
KREUSA.   Ich Unselge!
    Unglück hab ich erlost! Leid lastet auf mir!
    Geliebte, unerträglich!
    Verloren bin ich!
GREIS.   Kind!
KREUSA.   Weh! Wehe! Weh!
    Tief ins Innre des Herzens dringt
    Hinein und trifft der Schmerz mich.
GREIS. Noch klage nicht.
KREUSA.   Der Klage Zeit ist da.
770 GREIS. Eh wir erfahren haben ...
KREUSA.   Welche Botschaft?
GREIS. Ob unser Herr das gleiche bittre Los
    Mitleidet, ob nur du unselig bist.
CHOR. Ihm, Alter, hat Apollon einen Sohn
    Geschenkt. Er freut des Glücks sich ohne sie.
KREUSA. Dies Übel, das du zum ersten noch nennst,
    Krönt meines Unglücks Jammer.
GREIS. Lebt der Verheißne, oder muß ein Weib
    Den Sohn, von dem du redest, erst gebären?
780 CHOR. Zum Jüngling ist der Knabe schon gereift,
    Den Loxias ihm schenkt. Ich stand dabei.
KREUSA. Ah! Unerhört, unsäglich ist

38

Die Rede, welche du kündest!

GREIS. Unsäglich! Doch wer ist das Kind, und wie
Erfüllt der Spruch sich? Rede deutlicher!

CHOR. Der sei der Sohn, den Phoibos ihm entdeckt,
Der ihm zuerst vor seinem Haus begegne.

KREUSA. Weh! Kinderlos, kinderlos soll ich sein,
Wohnen allein im verwaisten Haus!   790

GREIS. Wer aber ist's? Auf wessen Spuren stieß
Der Ärmsten Gatte? Wo, wie sah er ihn?

CHOR. Des Jünglings, der den Tempel reinigte,
Entsinnst du, Herrin, dich. Er ist das Kind.

KREUSA. Flög ich auf durch die feuchte Luft
Über Hellas hinaus zu den Sternen der Nacht,
Da solches Leid ich erdulde!

GREIS. Mit welchem Namen nannte ihn der Vater?   800
Vernahmst du's, oder hüllt es Schweigen ein?

CHOR. Er nennt ihn Ion, weil er auf ihn zuging.

GREIS. Wer ist die Mutter?

CHOR.   Dies vernahm ich nicht.
Doch daß du alles wissest, Alter: Heimlich
Ging ihr Gemahl in heiliges Gezelt,
Geburtstagsopfer darzubringen und
Ein Mahl dem neugeschenkten Sohn zu rüsten.

GREIS. Wir sind verraten – leid ich doch mit dir –
Von deinem Gatten, werden plangemäß
Verhöhnt und aus dem Hause des Erechtheus   810
Verjagt. So red ich, nicht aus Haß auf den
Gemahl, aus größrer Liebe nur zu dir.
Dein Freier, kam er fremd in unsre Stadt
Und unser Haus und nahm dein ganzes Erbe
Und zeugte sich mit einem fremden Weib
Geheim ein Kind, geheim, wie ich dir zeige:
Er fand dich unfruchtbar, und nicht gefiel's ihm,

Dein Los zu teilen und dir gleich zu sein.
Nein, einer Sklavin wohnt' er bei und heimlich
820 Zeugt' er den Sohn und gab ihn in die Fremde
Den Delphern, sein zu pflegen. Unerkannt
Wuchs er im Tempel auf als Gottgeweihter.
Und als er sah, der Jüngling sei gereift,
Bewog er dich, hier um ein Kind zu bitten.
Der Gott log nicht. Der Gatte log, der längst
Den Sohn betreut und solche Schlingen flocht:
Entdecktest du's, so schob er's auf die Gottheit.
Doch blieb's geheim, so dacht' er, später ihm
Die Herrschaft und das Land zu übergeben.
830 Längst hat er ihm den Namen ausgedacht.
Er nennt ihn Ion, weil er auf ihn zuging.
CHOR. Weh! Weh! Wie haß ich allzeit doch die Frevler,
Die Ungerechtes sinnen und mit Ränken
Sich brüsten. Lieber wähl ich mir zum Freund
Geringen Biedersinn als weise Tücke.
GREIS. Und dies erfährst du als der Übel Größtes:
Den eine Sklavin ihm gebar, den Bastard,
Den nichtigen, führt er dir als Herrn ins Haus.
Gelinde wär's, hätt er von edler Mutter
840 Ein Kind gebracht mit deinem Einverständnis.
Und war auch dies dir bitter, ziemt es ihm,
Aus Aiolos' Geschlecht die Frau zu wählen.
Nun mußt du eine Weibertat vollbringen.
Du mußt ein Schwert ergreifen, mußt mit List,
Mit Gift den Sohn und deinen Gatten töten,
Bevor sie beide dir den Tod bereiten.
Versäumst du dies, so opferst du dein Leben.
Denn wohnen unter einem Dach zwei Feinde,
Stürzt dieser oder jener ins Verderben.
850 Ich aber will mit dir die Mühe teilen

Und im Gemach, wo er das Mahl bereitet,
Den Knaben töten. Sterb ich oder leb ich
Im Licht, so hab' ich meine Pflicht getan.
Denn was den Sklaven Schande bringt, ist einzig
Der Name. Sonst in allem ist der Sklave
Mit wackerm Sinn nicht schlechter als der Freie.

CHOR. Auch ich, o Herrin, will dein Schicksal teilen,
Sei's nun im Tode, sei's in edlem Leben.

KREUSA *(nach einer Pause)*.

Mein Herz, wie kann ich's verschweigen?
Die dunkle Buhlschaft, wie deck ich sie auf?   860
Wie soll ich die Scham überwinden?
Was nämlich hemmet und hält mich noch?
Wem eifre ich nach in der Tugend Kampf?
Ward nicht der Gemahl zum Verräter an mir?
Der Heimat, der Kinder bin ich beraubt.
Die Hoffnung, der ich mich anvertraut,
Ist hin, ohnmächtig der Wunsch, dieweil
Ich den Bund verschwieg,
Verschwieg die vielbeweinte Geburt.
Nun aber, beim Sternensitz des Zeus,   870
Bei meiner Göttin auf felsigen Höhn,
Beim hehren Strand des tritonischen Sees,
Wo das Wasser rauscht,
Nicht länger verhehl ich der Liebe Bett,
Und wälz ich die Last vom Herzen mir.
Die Zähren rinnen vom Aug herab;
Die Seele leidet, die Trug umstrickt
Von Menschen und von Unsterblichen gar;
Die schnöde den Bund
Verrieten, will ich entlarven.   880

Der du auf sieben Tönen den Klang
Der Leier entlockst, die auf ländlichem Horn,

Dem unbeseelten, der Menschen wohl-
Gestimmte Gesänge ausströmt: dich,
O Sohn der Leto, klage ich an,
Bei diesen Strahlen der Sonne.
Du kamst zu mir, vom Golde des Haars
Umglänzt, als Krokosblüten ich las
In meines Busens Gewänder, mit
890   Den goldenen mich zu schmücken.
Du faßtest die weiße Hand und zogst
Zum Lager in der Höhle mich hin,
Die laut aufschrie: O Mutter!
Buhlender Gott!
Bar jeglicher Scham
Hast Kypris du gehuldigt.
Ich Unglückselige gebar
Den Knaben dir und scheute den Zorn
Der Mutter und warf ihn auf dein Bett,
900   Wo du mit kläglichen Banden mich,
Die Kläglich-Unselge, verstricktest.
Weh! Wehe mir! Und nun ist er dahin,
Von Vögeln hinweggerafft zum Fraß,
Mein Sohn – und der deine, Elender!
Du aber spielst die Leier
Und singst die Feiergesänge.
Weh! Ich rufe dich, Letos Sohn,
Der du die Stimme verlosest,
Auf goldenen Stühlen sitzest
910   Und in der Mitte der Erde thronst,
Ins Ohr dir schrei ich die Kunde!
Weh! verworfener Buhle, der
Du ihm, von dem du keinerlei Gunst
Empfangen, meinem Gemahle nun
Im Hause den Sohn ansiedelst;

Mein Sproß und deiner aber entschwand,
Von keinem erkannt, der Vögel Raub,
Ward aus den Windeln der Mutter gelöst.
Der Lorbeer hasset und Delos dich,
Die Palmenzweige im zarten Laub,   920
Wo Leto einst in heiligen Wehn
Kronions Frucht geboren.
CHOR. Weh mir! Welch großer Schatz von Elend tut
    Sich auf, der Tränen jedem Aug entlockt!
GREIS. Ich sehe dir ins Antlitz, und es sättigt
    Der Blick sich nicht. Mein Denken ist verwirrt.
    Die Leidenswoge schöpf ich aus im Geist.
    Da faßt die zweite mich bei deiner Rede,
    Mit der du, fort von gegenwärtgem Unglück,
    Auf andrer Schmerzen böse Bahn gerätst.   930
    Wie sagst du? Wes bezichtigst du Apoll?
    Welch Kind gebarst du? Setztest wo es aus,
    Erfreulich Aas dem Wild? Erzähl's aufs Neue!
KREUSA. Die Scham befällt mich, Alter. Doch es sei.
GREIS. Ich teile, hochgesinnt, der Freunde Schmerz.
KREUSA. So höre denn. An Kekrops' Fels, gen Norden,
    Die Höhle kennst du, welche Makrai heißt?
GREIS. Wohl! Pans Altar und Heiligtum sind nahe.
KREUSA. Da kämpft ich einen ungeheuren Kampf.
GREIS. Wie? – Tränen preßt mir deine Rede aus.   940
KREUSA. Hier zwang mich Phoibos zu unselger Hochzeit.
GREIS. Dies also, Tochter, wars, was ich geahnt....
KREUSA. Geahnt? Was wahr ist, will ich dir gestehn.
GREIS. Als du geheim verborgnes Weh beseufztest?
KREUSA. Dies war die Not, die ich nun offenbare.
GREIS. Und wie verhehltest du den Bund mit Phoibos?
KREUSA. Ich – hör und fass' es, Alter! – ich gebar.
GREIS. Doch wer entband dich? Littest du allein?

43

KREUSA. Allein, im Felsen, wo die Hochzeit war.

950 GREIS. So blüht ein Sohn auch dir! Wo ist das Kind?

KREUSA. Gestorben ist's, ein Raub der wilden Tiere.

GREIS. Gestorben? Phoibos schütz' es nicht, der Arge?

KREUSA. Er schützt' es nicht. Im Hades wächst es auf.

GREIS. Wer hat es ausgesetzt? Doch nicht du selbst?

KREUSA. Ich selbst. In Tücher hüllt' ich's ein des Nachts.

GREIS. Und niemand weiß, daß du es ausgesetzt?

KREUSA. Das Unglück weiß darum und das Geheimnis.

GREIS. Das Kind allein zu lassen, wie ertrugst du's?

KREUSA. Gar manchen Jammerlaut stieß aus mein Mund.

960 GREIS. Unselges wagtest du, doch mehr der Gott.

KREUSA. Hättst du gesehn, wie es die Händlein streckte!

GREIS. Nach deiner Brust, nach deinem Arm begehrend.

KREUSA. Dahin, wo es kein Leid erfuhr von mir.

GREIS. Wo sannst du hin, da du es ausgesetzt?

KREUSA. Daß Phoibos seinen Sohn erretten werde.

GREIS. Weh mir! Wie schwankt dein reiches Haus im Sturm!

KREUSA. Was weinst du, Alter, und verhüllst dein Haupt?

GREIS. Ich sehe dich und deinen Vater elend.

KREUSA. Dies ist der Menschen Los. Nichts hat Bestand.

970 GREIS. Nun aber, Tochter, sei's genug des Jammers.

KREUSA. Was soll ich tun? Das Ungemach ist ratlos.

GREIS. Am Gott, der dich beleidigt, räche dich!

KREUSA. Wie würd ich Sterbliche des Stärkern Meister?

GREIS. Leg Feuer an Apollons heilgen Sitz.

KREUSA. Mir graut. Der Leiden habe ich genug.

GREIS. So wag', was möglich ist. Töte den Gatten!

KREUSA. Der Liebe denk ich, da er edel war.

GREIS. Den Sohn denn, der da wider dich erschienen.

KREUSA. Den Sohn? Wärs möglich, ja, ich wollt' es tun.

980 GREIS. Mit Schwertern rüste deine Diener aus.

KREUSA. Vollbringen könnt ich's. Doch wie soll's geschehn?

44

GREIS. Im heilgen Zelt, wo er den Freunden auftischt.

KREUSA. Vor aller Augen? Sklavenbrut ist schwächlich.

GREIS. Du bist verzagt. Wohlan, so rate du!

KREUSA. Ich kenne listige, wirksame Mittel.

GREIS. Für beide biet ich meine Dienste an.

KREUSA. Vernimm! Du weißt vom Kampf der Erdentspross'-

GREIS. Den sie zu Phlegra mit den Göttern stritten.   [nen?

KREUSA. Da zeugte Ge das Ungeheuer Gorgo.

GREIS. Das ihren Söhnen half im Götterkampf.   990

KREUSA. Und das die Tochter Zeus' erschlug, Athene.

GREIS. In welcher grauenhaften Ungestalt?

KREUSA. Die Brust bewehrt mit einer Schlange Ringeln.

GREIS. Die Sage ist's, die ich vor Zeiten hörte.

KREUSA. Daß ihre Haut die Brust Athenes decke?

GREIS. Der Pallas Rüstung, die sie Aigis nennen.

KREUSA. So ward ihr Name in der Schlacht der Götter.

GREIS. Wie kann dies, Tochter, deinen Feinden schaden?

KREUSA. Kennst du – du kennst ihn, Erichthonios.

GREIS. Den Erdentsprossenen, eurer Ahnen ersten.   1000

KREUSA. Ihm, als er kaum geboren war, gab Pallas...

GREIS. Nur zögernd bringst du deine Rede vor.

KREUSA. Zwei Tropfen gab sie ihm von Gorgos Blut.

GREIS. Wie wirken die auf die Natur des Menschen?

KREUSA. Der eine tötet, Krankheit heilt der andre.

GREIS. Wie machte sie's am Leib des Knaben fest?

KREUSA. In goldnem Band. Dies gab er meinem Vater.

GREIS. Und als dein Vater starb, kam es an dich?

KREUSA. Hier, am Gelenk der Hand, trag ich's mit mir.

GREIS. Wie mischt der Göttin Doppelgabe sich?   1010

KREUSA. Der aus der hohlen Ader floß im Tod...

GREIS. Ist wie zu brauchen? Welche Kraft besitzt er?

KREUSA. Das Leben fördert er und bannt die Krankheit.

GREIS. Was wirkt der andere, von dem du sprachst?

45

KREUSA. Er tötet. Gift ist's von der Gorgo Schlangen.

GREIS. Sind sie gesondert? Trägst du sie vermischt?

KREUSA. Gesondert. Böses mischt sich nicht mit Gutem.

GREIS. So hast du alles, Kind, wes du bedarfst.

KREUSA. Der Knabe stirbt daran. Du wirst ihn töten.

1020 GREIS. Doch wie vollend ich's. Du befiehlst, ich wage.

KREUSA. Sobald er in Athen mein Haus betritt.

GREIS. Nicht doch! Wie du mich rügtest, rüg ich dich.

KREUSA. Warum? Du ahnst wohl, was auch mich beschleicht?

GREIS. Du wirst verklagt, auch wenn nicht du ihn tötest.

KREUSA. Stiefmütter, heißt es, sind den Kindern gram.

GREIS. Tu's hier! Dann kannst du das Verbrechen leugnen.

KREUSA. Nur umso früher koste ich die Lust.

GREIS. Und täuschest, der dich täuschen will, den Gatten.

KREUSA. Weißt du nun, was zu tun ist? Nimm von mir

1030 Athenes goldnen Schmuck, das alt Gebilde,
Geh hin, wo insgeheim mein Gatte opfert,
Und ist das Mahl zu Ende, spenden sie
Den Göttern Wein, so nimm's aus deinem Mantel
Und gieß den Tropfen in den Trunk des Jünglings.
Doch gib nicht allen, gib nur ihm zu trinken,
Der herrschen will in meinem Haus. Durchfährt
Es seine Kehle, zur berühmten Stadt
Athen gelangt er nie. Hier bleibt und stirbt er.

GREIS. So gehe du in deiner Wirte Haus.

1040 Ich will vollenden, was du mir geboten. *(Kreusa ab.)*
Auf, alter Fuß! Zum Jüngling werde durch
Die Tat, auch wenn die Zeit dir's nicht verstattet.
Dem Feind entgegen schreite, treu der Herrin,
Und hilf ihn töten, ihn vom Hause jagen.
Den Glücklichen geziemt es, fromm zu sein.
Will einer aber Feinden Übles tun,
Ist kein Gesetz, das ihn verhindern könnte. *(Ab.)*

CHOR. Am Dreiweg, Tochter der Deo,
  Die du gebietest den Tücken der Nacht, 1050
  Und des Tages, geleite du
  Die Fülle der Becher üblen Tods,
  Wohin die hehre, die Herrin sie schickt –
  Die Tropfen, die mörderischen, vom Blut
  Der erdgeborenen Gorgo, zu ihm,
  Der trachtet nach des Erechtheus Haus.
  Daß nie ein andrer aus andrem Geschlecht
  Gebiete der Stadt als einer vom Stamm
  Der edlen Söhne Erechtheus'. 1060

    Mißglückt der Herrin der Anschlag,
    Wagt sie die Rache zur Unzeit, täuscht
    Die Hoffnung, so harret das Schwert,
    Das geschärfte, um den Nacken der Strick,
    Und, Schmerzen mit Schmerzen endigend, geht
    Sie zu andrer Gestalt des Lebens hinab.
    Denn nie ertrüge sie, daß ein Herr
    Aus fremdem Lande ihrem Bereich 1070
    Geböte, solange sie lebt im Strahl
    Des Lichts, die sie entstammt dem Haus
    Der hochgeborenen Väter.

Ich schäme mich vor dem Gotte, den singet das Lied,
Wenn beim eleusischen Fest, am umtanzten Quell
Die Fackel wachen Auges er sieht in der Nacht,
Wo Zeus' gestirnter Äther im Reigen sich dreht,
Selene tanzt und die fünfzig Töchter des Nereus, 1080
Im Meer, im immerwogenden Wirbel des Stroms,
Die Nymphen, die feiern dich im goldenen Kranz,
Jungfrau und heilige Mutter.
Hier hofft er, König zu sein,
In andrer Werke zu dringen,
Der Bettelknabe Apollons.

Ihr, welche mit peinlich tönenden Liedern, ein Spott
Der Kunst, von unseren Lüsten, unheiliger und
Verbotener Liebe singt, erkennet, wie wir
An frommem Sinne der Männer unheilige Saat
Besiegen. Dawider schalle von arger Lust
Und strafe die Männer der Frauen Gesang und Kunst.
Denn bös Gedenken beweist der Enkel des Zeus,
Zeugt nicht im Hause der Herrin
Gemeinsamer Kinder Glück,
Begünstigt andere Kypris
Und hat den Bastard erkoren.

DIENER *(tritt auf)*.

Ihr Fraun! Wo find ich unsre edle Herrin?
Die Tochter des Erechtheus? Suchend irrt
Ich durch die ganze Stadt und traf sie nicht.

CHOR. Was ist geschehn, Mitsklave? Welcher Eifer
1110 Beflügelt dich, und welche Botschaft bringst du?

DIENER. Wir sind verfolgt. Des Landes Häupter fahnden
Nach unsrer Herrin, sie vom Fels zu stürzen.

CHOR. Weh uns! Was redest du! so ward's entdeckt,
Daß wir geheim dem Kind den Tod bereitet.

DIENER. Es ist, und nicht zuletzt trifft dich die Not.

CHOR. Wie wurde der verborgne Plan erwiesen?

DIENER. Der Gott beschloß, daß Unrecht schwächer sei
Als Recht, und wollte nicht den Makel dulden.

CHOR. Wie ging das zu? Ich flehe, sag es an!
1120 Der Tod ist süßer, wenn wir es erfahren,
Sei uns das Licht, sei Sterben uns beschieden.

DIENER. Als der Gemahl Kreusas Phoibos' Tempel
Verließ und seinen neuen Sohn zum Opfer
Und Mahl, die Götter zu verehren, führte,
Ging Xuthos hin, wo bacchische Glut auflodert,
Den Doppelfelsen des Dionysos

Mit Blut zu netzen um des Sohnes willen,
Und sprach: Du bleibe, Kind, und laß ein Zelt
Im Umkreis bauen durch die Kunst der Zimmrer.
Den Stammesgöttern will ich opfern. Säum ich, 1130
So sei den Freunden doch das Mahl bereitet.
Die Rinder nahm er dann und ging. Der Jüngling
Jedoch ließ schicklich eines Zeltes Umkreis
Auf Stangen, ohne Wand, erbaun und wehrte
Dem Strahl der Sonne, so der Glut des Mittags
Und so dem Brand des sinkenden Gestirns.
Von hundert Fuß ein Viereck, winkelrecht,
Maß er, so daß, wie uns die Weisen sagen,
Zehntausend Fuß der Mittelraum umschloß.
Denn alles Volk von Delphi war geladen. 1140
Und heilige Tücher nahm er aus dem Schatz
Und deckte, wunderbar zu schau'n, das Zelt,
Das Dach zuerst mit schützenden Gewändern,
Die Herakles, Zeus' Sohn, den Amazonen
Geraubt und einst dem Haus Apolls geweiht.
Da waren diese Bilder eingewebt:
Im Ätherkreis der Sterne Uranos,
Und Helios, die Pferde westwärts treibend,
Der zog das Licht des Hesperos sich nach.
Ihr Zwiegespann im schwarzen Schleier lenkte 1150
Die Nacht, und Sterne folgten ihrer Bahn.
In Äthers Mitte schwebten die Pleiaden,
Orion mit dem Schwert, und über ihm
Der Bär, den goldnen Schweif zum Pol gewendet.
Des vollen Mondes Scheibe strahlt' empor,
Den Monat teilend, die Hyaden, Schiffern
Ein sicheres Zeichen; und die Sterne scheuchte
Der Glanz der Eos. An die Wände hing
Er andere Gewebe fremder Länder:

Im Kampf mit Griechen Schiffe, wohlberudert,
Zentauren, Jäger, die zu Pferde Hirschen
Nachjagten, und der Fang von wilden Löwen.
Am Eingang endlich windet schlangengleich
Sich Kekrops bei den Töchtern, Gabe eines
Atheners. In des Saales Mitte stellte
Er goldne Krüge, und auf Zehen schritt
Ein Herold und hieß jeden, der da wollte,
Zu Tische kommen. Als der Saal gefüllt war,
Ergötzten alle sich, geschmückt mit Kränzen,
Am reichen Mahl. Doch als die Lust gestillt,
Betrat den Mittelraum des Zelts der Alte,
Und sein geschäftig Treiben regte viel
Gelächter bei den Gästen auf. Aus Krügen
Begoß er ihre Hände und entflammte
Der Myrrhe Harz und nahm die goldnen Becher
Und machte also selber sich zum Schenken.
Drauf, als die Flöten tönten und die Schale
Von Mund zu Mund ging, sprach er: «Schafft die kleinen
Geräte fort und reicht uns größere,
So dringt die Freude rascher in das Herz.»
Da brachten sie mit Eifer silberne
Und goldne Becher. Einen wählt' er aus,
Dem jungen Herrn, so schien es, zu Gefallen,
Reicht' ihn gefüllt; rasch wirkend Gift jedoch,
Das ihm, so sagen sie, die Herrin gab,
Tat er hinein, den Jüngling zu verderben.
Niemand bemerkt's. Als aber mit den andern
Der neue Sohn den Trunk in Händen hielt,
Erscholl aus eines Dieners Mund ein Schmähwort.
Er, den im Tempel edle Seher schulten,
Nahm dies als Zeichen und befahl, den Becher
Ihm neu zu füllen, goß den ersten Trunk

Zu Boden, und so taten alle andern.
Und Schweigen war. Mit Wasser füllten wir
Die heilgen Krüge und byblinischem Wein.
Bei solchem Tun flog in das Zelt ein Schwarm
Von Tauben – ungefährdet wohnen
Sie in Apollons Haus –; wo Wein gesprengt war,
Tauchten sie ihre Schnäbel in das Naß
Und schlürften's in den federreichen Hals.   1200
Unschädlich war der heilge Trank den meisten.
Nur eine, die beim Sitz des neuen Erben
Genippt, erbebte gleich am ganzen Körper,
Schwirrte umher, und ihre Stimme klang
In dumpfen Lauten. Da entsetzten sich
Die Zecher alle ob des Vogels Qual.
Der zuckte, ließ die Purpurkrallen hängen
Und starb. Nun streckt der gottverheißne Sohn
Über die Tafel den entblößten Arm
Und ruft: «Wer ist es, der mich töten wollte?   1210
Sprich, Alter! Du warst so geschäftig, und
Aus deiner Hand empfingen wir den Trunk.»
Faßt seinen greisen Arm und forscht ihn aus,
Um sein auf frischer Tat sich zu versichern.
Klar war's, und so bedrängt, gestand der Greis
Kreusas Wagnis und die Kraft des Tranks.
Gleich sprang der Jüngling, den der Spruch Apolls
Verkündet, mit den Gästen auf, hinaus,
Trat vor die Ersten Delphis hin und sprach:
«O heilige Erde! Des Erechtheus Tochter,   1220
Ein fremdes Weib, wollt' uns mit Gift verderben!»
Darauf beschlossen Delphis Häupter alle
Der Herrin Tod. Vom Felsen soll sie stürzen,
Weil sie den Tod bereitet dem Geweihten
In Phoibos' Haus. Nun sucht die ganze Stadt

Die Arge, die auf argen Pfade kam.
Sie, die bei Phoibos einen Sohn begehrte,
Büßt jetzt die Kinder und das Leben ein.

CHOR. Nimmer, nimmer ist Schutz vor dem Tod

1230 Uns Unglückselgen beschieden!
Am Tage liegt es, am Tag,
Dionysischer Trunk
Der Trauben, mit Tropfen gemischt
Vom Gift der tödlichen Schlange –
Am Tage das Opfer der Tiefe,
Und trifft mein Leben das Schicksal,
Der Sturz vom Felsen die Herrin.
Welche beflügelte Flucht entführt
Mich in der Erde finsteren Schoß,
Daß ich dem Lose der Steinigung

1240 Entrinne? Besteig ich das Viergespann
Eilender Hufe? Vertrau
Ich mich den Kielen der Schiffe?
    Wir bergen uns nicht, entrafft
    Uns nicht ein günstiger Gott.
    Welch Leiden ist deinem Leben beschert,
    Unselige Herrin! Sollen nicht wir
    Das Übel, das anderen wir erdacht,
    Mit Fug nun selber erdulden?

KREUSA *(tritt auf)*.

1250 Dienerinnen, man verfolgt mich, reißt mich hin zu blutgem
                                    Tod.

Delphis Urteilsspruch hat mich verdammt und gibt mein Le-
                                    ben preis.

CHOR. Alles Unglück, Unglückselge, das dich trifft, es ist mir
                                    kund.

KREUSA. Wie entflieh ich? Kaum gelang mirs, aus dem Hause
                                    vor dem Tod

Meinen Fuß zu ziehn. Verstohlen wich ich meinen Häschern
CHOR. Nichts als der Altar mehr bleibt dir.   [aus.
KREUSA.   Der Altar? Was soll ich da?
CHOR. Flehnde schützt er vor dem Tode.
KREUSA.   Doch mich tötet das Gesetz.
CHOR. Wohl! Wenn du in ihre Hand fällst!
KREUSA.   Sieh! Da stürzen schon, bewehrt,
    Zu mir hin die grimmen Streiter.
CHOR.   Kaure hier, am heilgen Herd!
    Trifft dich hier der Streich des Todes, ladest du doch auf das
                                        Haupt
    Deiner Feinde schwere Blutschuld. Tragen mußt du dein   1260
ION *(mit Bewaffneten).*   [Geschick.
    O des Kephisos stiergestaltger Anblick!
    Welch eine Natter, welchen Drachen, der
    Ein tödlich Feuer strahlt, hast du gezeugt,
    Der sich erdreistet, minder nicht als Gorgo,
    Mit deren Gift sie mich zu töten dachte!
    Ergreift sie, daß die ungeschornen Flechten
    Des Haars zerraufe des Parnassos Fels,
    Von dessen Klippen ihr sie schleudern werdet.
    Mich schützt' ein guter Geist, bevor mich in
    Athen stiefmütterliche Hand zerstörte.   1270
    An deinen Helfern hab ich deinen Sinn
    Erkannt, wie du mit Tücke Böses plantest.
    War ich in deinem Hause erst, du hättest
    Mich gleich umgarnt und Hades zugesandt.
    Nicht der Altar und nicht Apollons Tempel
    Soll dich erretten. Klagst du? Mehr gebührt
    Dies mir und meiner Mutter. Ist ihr Leib
    Auch fern, ihr Name ist mir gegenwärtig.
    Seht die Verbrecherin! Wie Trug aus Trug
    Sie flocht. Sie duckt sich am Altar des Gottes,   1280

Als ob der Sühne sie entrinnen könnte!

KREUSA. Laß ab von mir! In meinem und im Namen
Des Gottes, der hier herrscht, ruf ich dir's zu.

ION. Phoibos und du: was wäre euch gemein?

KREUSA. Mein Leben gebe ich dem Gott zu eigen.

ION. Und wolltest mich, der Gottes ist, vergiften?

KREUSA. Dem Vater, nicht Apoll mehr, bist du eigen.

ION. Der Gott ist's, der den Vater mir ersetzt.

KREUSA. Dies ist vorbei. Nicht du, ich bin jetzt sein.

1290 ION. Du bist mit Schuld besudelt. Ich bin rein.

KREUSA. Den Feind des Hauses dacht ich zu vernichten.

ION. Drang ich in dein Gebiet doch nicht mit Waffen!

KREUSA. Erechtheus' Haus gabst du den Flammen preis!

ION. Wo sind die Fackeln, wo die Glut des Feuers?

KREUSA. Was mein ist, hast du mit Gewalt entrissen.

ION. Der Vater gab das Land mir, das sein eigen.

KREUSA. Der Pallas Land den Söhnen Aiolos'?

ION. Mit Waffen, nicht mit Worten wards verteidigt.

KREUSA. Nie ward der Helfer je zum Herrn des Landes.

1300 ION. Aus Furcht vor Künftigem wolltest du mich morden?

KREUSA. Um selber nicht von deiner Hand zu sterben.

ION. Du grollst dem Sohn des Xuthos, Kinderlose!

KREUSA. Du willst das Gut der Kinderlosen rauben.

ION. Gebührt mir nichts von meines Vaters Schätzen?

KREUSA. Der Schild, der Speer: das ist dein ganzer Reichtum.

ION. Verlaß den heilgen Sitz und den Altar.

KREUSA. Befiehl der Mutter so, wenn du sie findest.

ION. Die mich ermorden wollte, soll nicht büßen?

KREUSA. Nur wenn du mich im heilgen Raum erschlägst.

1310 ION. Was reizt dich, am Altar Apolls zu sterben?

KREUSA. Ich kränke ihn, der mich zuvor gekränkt.

ION. Ah!
Schlimm, daß ein Gott den Menschen nicht Gesetze

Nach Billigkeit und weiser Einsicht gab!
Es ziemt sich nicht, daß am Altar der Frevler
Sich niederlasse, daß des Bösen Hand
Den Gott berühre. Nur dem Frommen, dem
Unrecht geschehen, sollte dies gewährt sein,
Und nicht ein Gleiches aus der Götter Hand
Der Edle und Verworfene empfangen.

PYTHIA *(tritt aus dem Tempel).*

Halt inne, Knabe! Meinen Sehersitz   1320
Verlassend, überschreit ich diese Schwelle,
Apolls Prophetin, die aus Delphis Frauen
Erkoren ward, den alten Brauch zu wahren.

ION. Heil, Mutter! – hast du gleich mich nicht geboren.

PYTHIA. So ists. Doch gut gefällt der Name mir.

ION. Vernahmst du, wie sie mich zu töten dachte?

PYTHIA. Wohl, ich vernahms. Doch auch *dein* Grimm ist fehlbar.

ION. Ich dürfte meine Mörder nicht vernichten?

PYTHIA. Sind alle Frau'n doch fremden Kindern gram.

ION. Und Kinder fremden Müttern, die uns hassen.   1330

PYTHIA. Nicht also! Kehrst du aus dem Tempel heim...

ION. Was soll ich dann auf dein Geheiß vollbringen?

PYTHIA. Zieh schuldlos nach Athen mit guten Zeichen.

ION. Ist schuldlos nicht, wer seine Feinde tötet?

PYTHIA. Laß ab! Vernimm, was ich zu sagen habe.

ION. Was du auch sagst, es stammt aus treuem Sinn.

PYTHIA. Siehst du das Körbchen hier an meinem Arm?

ION. Alt ist es und mit Bändern rings umflochten.

PYTHIA. Hier fand ich dich als neugebornes Kind.

ION. Wie dies? Ich höre eine neue Kunde.   1340

PYTHIA. Verschwiegen hab ich's. Jetzt sei's aufgedeckt.

ION. Warum verhehltest du den alten Fund?

PYTHIA. Apoll erkor zu seinem Diener dich.

ION. Und fürder nicht? Woraus erkenn ich dies?

PYTHIA. Er nennt dir deinen Vater und entläßt dich.

ION. Hast du aus freien Stücken so gehandelt?

PYTHIA. Apollon prägte tief ins Herz mir ein…

ION. Ins Herz dir ein…? Vollende deine Rede.

PYTHIA. Bis auf den heutgen Tag den Fund zu bergen.

1350 ION. Wie kann mir solches frommen oder schaden?

PYTHIA. Hier sind die Windeln noch, die dich umhüllt.

ION. Bringst du sie mir als Spuren meiner Mutter?

PYTHIA. Wenn es ein Gott so fügt, doch früher nicht.

ION. Welch selge Wunder bringt mir dieser Tag!

PYTHIA. So nimm und suche sie, die dich geboren.

ION. In Asien forsch ich, in Europas Grenzen.

PYTHIA. Nach eignem Ratschluß, Kind! Ich habe dich
    Gepflegt, dem Gott zulieb, und gebe dir,
    Was er mich ungeheißen finden und
1360   Bewahren ließ. Ich weiß nicht, was er plante.
    Doch keiner von den Sterblichen erfuhr,
    Daß ich's besaß, noch wo's verborgen war.
    Leb wohl! Der Mutter gleich umarm ich dich.
    Beginne sie zu suchen, wo du mußt.
    Erst forsche, ob ein delphisch Mädchen dich
    Geboren und im Tempel ausgesetzt,
    Sodann in Hellas. Alles weißt du jetzt
    Von mir und Phoibos, der dies Schicksal lenkte. *(Ab.)*

ION. Ah! Wie die feuchte Träne rinnt vom Auge,
1370   Da dort mein Geist weilt, wo die Mutter heimlich,
    Verborgner Liebe Frucht, mich preisgegeben,
    Mir nicht die Brust gereicht, daß ohne Namen
    Ich dienstbar lebe in Apollons Haus.
    Was von der Gottheit kam, war gut, doch schwer
    Das Schicksal. Da ich auf der Mutter Arm
    Mich wiegen und des Lebens freuen sollte,
    War ich beraubt der süßen Mutterliebe.

Unselig auch die Mutter, die ein Gleiches
Erlitten und des Sohns sich nicht erfreut!
Das Körbchen nehm ich nun und weih' es Phoibos,   1380
Um nie zu finden, was ich nicht begehre.
Denn war, die mich geboren, eine Sklavin,
Ist sie zu finden schlimmer als verschweigen.
Apollon, deinem Tempel stift ich dies. –
Doch wie geschieht mir? Kränk ich nicht die Vorsicht,
Die mir der Mutter Spuren aufbewahrt?
Es muß entdeckt sein, und ich muß es wagen.
Denn meinem Schicksal kann ich nicht entrinnen.
O heilge Binden? Was verbergt ihr mir?
Ihr Schlingen, die das Liebste mir bewahren?   1390
O sieh des schöngewölbten Körbchens Hülle,
Die Gott bewahrte vor des Alters Schäden.
Kein Schimmel deckt die Flechten, und viel Zeit
Ist doch dahin, seit es den Schatz geborgen.

KREUSA. Welch unverhofftes Wunderbild erblick ich?

ION. Du schweige! Redest du doch längst zu viel.

KREUSA. Ich darf nicht schweigen. Nein! Laß ab zu wehren!
Das Körbchen sehe ich, worin ich einst
Dich, Kind, ein neugebornes, ausgesetzt,
In Kekrops' Höhle, in der Kluft von Makrai.   1400
Ich lasse den Altar, sei's auch mein Tod.

ION. Ergreift sie! Von den Bildern des Altars
Jagt sie ein göttlich Rasen. Fesselt sie!

KREUSA. So tötet mich! Ich lasse nicht von dir,
Vom Körbchen nicht und dem, was es verbirgt.

ION. Ist's glaublich? Ihr Geschwätz soll mir's entreißen?

KREUSA. Nicht so! Die Liebe nur fand den Geliebten.

ION. Geliebt? Die du mich heimlich töten wolltest?

KREUSA. Mein Sohn! Ist doch der Sohn der Mutter Liebstes!

ION. Umschling mich nicht! Gar leicht halt' ich dich fest.   1410

KREUSA. Wohl! So gescheh's, mein Kind! Dies ist mein Ziel.

ION. Ist leer das Körbchen oder was verbirgt's?

KREUSA. Die Windeln birgt's, in die ich dich gehüllt.

ION. Und kannst du sie benennen, unbesehn?

KREUSA. Ich will des Todes sein, wenn ich versage.

ION. Sprich! Ungeheuer ist dein Wagemut.

KREUSA. Ein Webstück ist's, das ich als Mädchen wob.

ION. Wie sieht es aus? Ein Mädchen webt gar manches.

KREUSA. Unfertig noch, ein Probestück des Webstuhls.

1420 ION. Du überzeugst mich nicht. Was stellt es dar?

KREUSA. Des Tuches Mitte ziert das Haupt der Gorgo...

ION. O Zeus! Welch ein Geschick jagt mich umher?

KREUSA. Umsäumt von Schlangen nach der Aigis Weise.

ION. Schau her!

Das Webstück, wie ich's fand, das gottverheißne.

KREUSA. O meines Webstuhls frühes Mädchenwerk!

ION. Ist mehr noch drin? Trafst du mit Glück nur dies?

KREUSA. Zwei Schlangen, golden rings, ein alt Geschenk
Athenes, das für Kinder sie bestimmt,
Dem Brauch des Erichthonios gemäß.

1430 ION. Wozu? Was soll der goldne Schmuck? Sag an!

KREUSA. Der Hals des Neugebornen soll ihn tragen.

ION. Hier sind sie. Nun begehr ich noch das Dritte.

KREUSA. Mit einem Kranz des Ölbaums schmückt' ich dich,
Der einst entsproß dem Felsen der Athene.
Ist er's, so trägt er noch sein Laub und blüht
Als Schößling eines Baums, der nie verwelkt.

ION. Geliebte Mutter! Selig grüß ich dich
Und schmiege mich an deine selgen Wangen.

KREUSA. Mein Kind! Mein Licht! Mir süßer als die Sonne!

1440 Der Gott verzeiht mir. Unverhofft gefunden,
Halt ich in Händen dich, den ich im Haus
Persephones, in tiefer Erde, wähnte.

Ion. O du geliebte Mutter! Wie gestorben
Und dennoch lebend träum ich, dir im Arm.

Kreusa. Io! Io! Weite, leuchtende Luft!
Mit welcher Stimme juble ich auf,
Jauchz ich! Von wannen kam
Die unerwartete Wonne mir?
Woher doch kam mir die Freude?

Ion. Wie hätt' ich alles andre eher mir   1450
Gedacht als dies, o Mutter, daß ich dein bin.

Kreusa. Noch beb ich in Angst.

Ion. Als hättest du mich nicht?

Kreusa.   Die Hoffnung schwand
Mir längst dahin.
O Frau! Woher doch nahmst du den Sohn
In deine Arme? Wessen Hand
Geleitet' ihn in den Tempel Apolls?

Ion. Gott fügt' es so! Wie wir unglücklich waren,
So laß des Glücks uns fürderhin genießen.

Kreusa. Kind! Unter Tränen bist du geboren.
Unter Klagen wardst du dem Arm der Mutter entrissen.
Jetzt aber atme ich wieder an deinem Mund   1460
Und koste die seligste Wonne.

Ion. Von deinem Glück und meinem redest du.

Kreusa. Der Kinder, der Söhne entbehr ich nicht mehr.
Der Herd flammt neu, und ein Herr ist im Land,
Erechtheus verjüngt,
Und nimmer schauen die Erdgeborenen in die Nacht.
Sie blicken auf zu der Sonne Glanz.

Ion. O Mutter! Auch der Vater soll der Lust
Teilhaftig sein, die mir dein Anblick bringt.

Kreusa. O Kind!   1470
Was sprichst du! Weh! Wie bin ich überführt!

Ion. Wie doch?

KREUSA. Ein andrer zeugte dich.

ION. Weh mir! Als Bastard hast du mich geboren?

KREUSA. Nicht Fackeln, nicht Reigentanz
   Weihten den Bund,
    Aus dem du, Kind, entsprossen.

ION. Unedel bin ich. Weh! Wer zeugte mich?

KREUSA. Künde, die Gorgo getötet ...

ION.   Wie?

KREUSA. Die am heimischen Fels
1480   Die olivenbewachsenen Höhen bewohnt ...

ION. Verstohlen redest du und unverständlich.

KREUSA. Daß an dem Steine der Nachtigall
   Apoll ...

ION. Was redest du von Apoll?

KREUSA. In heimlicher Liebe mir genaht.

ION. Sprich! Liebes, Glückliches verheißt du mir.

KREUSA. Im zehnten Mond
   Gebar ich dem Gott dich in heimlichen Wehn.

ION. O liebste Kunde – wenn du wahr geredet.

KREUSA. Und, siehe, es legte die Mutter dir
1490   Den Schleier der Jungfrau um den Leib,
   Den wob mein irrendes Weberschiff.
   Nicht gab ich dir Milch und nicht die Brust,
   Der Mutter Nahrung, und meine Hand
   Hat dir kein Bad bereitet.
   In verlassener Höhle setzt ich dich aus,
   Den Schnäbeln der Vögel zu blutigem Mahl,
   Und gab dich preis dem Tode.

ION. Entsetzliches hast du vollbracht, o Mutter.

KREUSA. Von Angst umstrickt
   Gab ich dich hin
   Zum Tode, schweren Herzens.

1500 ION. Und wärest schier von meiner Hand gestorben.

KREUSA. Io! Gewaltig war jenes Geschick,
Gewaltig auch dies. Es schleudert uns da-
Und dorthin, in Unglück und wieder in Glück,
Und wieder wechseln die Winde.
Nun bleib' es! Des Bösen war ehdem genug.
Und wehe nach Übeln ein günstiger Wind!

CHOR. Es nenne keiner unter Menschen je   1510
Ein Schicksal unverhofft, da dies geschehn.

ION. Die du unzählge Menschen schon verwandelt
Und ihnen Glück und wieder Leid bereitet.
O Tyche! Wie des Lebens Waage schon
Zu Muttermord und schnödem Leiden neigte!
Ah!
Ist's möglich, alles dies an *einem* Tag
Im Strahlenglanz der Sonne zu erfahren?
Als teuren Fund, o Mutter, fand ich dich,
Und mein Geschlecht, was mich betrifft, untadlig.
Das andre will ich dir allein vertrauen.   1520
Komm, hier! Ich will das Wort ins Ohr dir flüstern
Und Dunkel breiten über das Geschehne.
Bedenke! Wenn du dich vergangen, wie
Ein Mädchen insgeheim sich wohl verirrt,
So wälze deine Schuld nicht auf den Gott,
Die Schmach von mir zu wehren, und bezeichne
Apoll als Vater nicht, wenn er's nicht ist.

KREUSA. Nein! Bei Athene Nike, die zu Wagen
Mit Zeus gestritten wider die Titanen!
Kein Sterblicher, mein Sohn, hat dich gezeugt.   1530
Er ist's, der dich behütet hat, Apoll!

ION. Was schenkt er einem andern Vater dann
Den Sohn und sagt, daß Xuthos mich gezeugt?

KREUSA. So sagt er nicht. Er gibt sein Eigentum
Ihm als Geschenk, wie wohl ein Freund dem Freunde

Den eignen Sohn als Erben anvertraut.

ION. Ist Phoibos offen, oder täuscht er uns?

Mit Fug, o Mutter, ist mein Sinn verwirrt.

KREUSA. So höre, was mir eben beifällt, Kind.

1540 Apollon führt dich in ein edles Haus
Zum Heil. Denn hießest du des Gottes Sohn,
So würde nie das ganze Erbe dir
Und nie des Vaters Name. Hehlt' ich selbst
Den Bund nicht? Sann ich nicht auf deinen Tod?
Dir frommt's, wenn er dich einem andern schenkt.

ION. Ich darf in diesem Stück nicht lässig sein.
Ich geh hinein und frage Phoibos selbst,
Ob eines Menschen, ob *sein* Sohn ich sei.

(Athene erscheint über dem Giebel des Tempels)

Ah!

Hoch überm Hause, das von Weihrauch duftet,

1550 Das sonnengleiche Antlitz eines Gottes?
O laß uns fliehen, Mutter, daß wir nicht
Das Heilge schauen, wenn es nicht bestimmt ist.

ATHENE. Flieht nicht! Denn keiner Feindin weichst du aus.
Ich will euch wohl, so hier wie in Athen.
Den Namen hab' ich deinem Land gegeben,
Athene, komme eilends von Apoll,
Der nicht vor euer Antlitz treten will,
Daß ihn kein Tadel um Vergangnes treffe.
So schickt er mich, das Wort euch zu verkünden.

1560 Die dich gebar, empfing dich von Apollon.
Der schenkt dich ihm, der nicht dein Vater ist,
Auf daß ein edles Haus dein eigen sei.
Doch als eröffnet war, was nun bekannt ist,
Befiel ihn Furcht, du sterbest durch den Anschlag
Der Mutter, sie durch dich, und sann auf Rettung

Er war gewillt, es hier noch zu verschweigen
Und in Athen erst dir zu offenbaren,
Daß sie und Phoibos deine Eltern sind.
Doch um die Sache und den Spruch des Gottes,
Für den ich angeschirrt, zu enden, hört!   1570
Kreusa! Nimm den Sohn und zieh ins Land
Des Kekrops, und dort setz ihn auf den Thron
Der Fürsten. Aus Erechtheus' Blut entsprossen,
Ist er befugt, in meinem Land zu herrschen.
Er wird berühmt in Hellas sein. Vier Söhne,
Die ihm entstammen, *einer* Wurzel Zweige,
Die Namen werden sie dem Lande und
Dem Volke leihn, das meinen Fels bewohnt.
Zuerst ist Geleon. Ihm schließen sich
Hopleten an, Argaden, Aigikorer,   1580
Die sich nach meiner Aigis nennen. Söhne
Von diesen werden, wenn die Zeit erfüllt ist,
In Inselstädten der Kykladen und
Am Strande wohnen und dem Land die Macht
Verleihn. Sie werden auf dem Festland, hier
Und dort, die Ebenen besiedeln, in
Europa, Asien, und dir zu Ehren
Sich Ioner nennen und sich Ruhm erwerben.
Auch dir und Xuthos blüht noch ein Geschlecht.
Doros zuerst, der einst das Land der Dorer   1590
Verherrlicht und des Pelops Insel. Dann
Achaios, der zu Rhion am Gestade
Gebieten wird. Und also wird das Volk
Genannt sein, daß es seinen Namen trägt.
Schön hat Apollon dies vollendet. Schmerzlos
Entband er dich. Die Deinen wußten's nicht.
Dann, als du ihn geboren und in Windeln
Das Kind gelegt, befahl er Hermes, es

63

Auf seinem Arm vor dieses Haus zu tragen,

1600 Und pflegte dein und wehrte dem Verderben.
Du nun verschweige deine Mutterschaft,
Daß Xuthos sich des süßen Wahns erfreue,
Und du mit deinem Gut von dannen ziehest.
Lebt wohl! Wenn ihr aus dieser Not eratmet,
Verheiß ich euch ein glückliches Geschick.

ION. Pallas, Tochter du des großen Zeus! Dein Wort
                                    vernahmen wir
Voll Vertrauen. Ja, ich glaube, daß Apoll mein Vater ist,
Meine Mutter sie. Schon früh war, so zu glauben, ich geneigt.

KREUSA. Höre *mich* nun. Phoibos lob ich, den ich früher nie
                                    gelobt,

1610 Weil er mir den Sohn zurückgegeben, des er einst vergaß.
Schön erglänzen mir die Pforten und des Gottes Sehersitz,
Die zuerst mir unhold schienen. Freudig leg ich nun die Hand
In den Ring, und so entbiet ich seinen Pforten meinen Gruß.

ATHENE. Löblich ist's daß du, verwandelt, Phoibos rühmst.
                                    Denn immerdar
Schreitet langsam, doch am Ende mächtig, was von Göttern

KREUSA. Laß uns heimwärts ziehn, mein Sohn.   [stammt.

ATHENE.   Zieht eures Wegs! Ich ziehe mit.

KREUSA. Unser wert ist die Gefährtin.

ATHENE.   Und gewogen eurer Stadt.

KREUSA. Steige auf die alten Throne.

ION.   Ehrenvoll ist ihr Besitz.

CHOR. Zeus und Letos Sohn, Apollon! Sei gegrüßt! Wes Haus
                                    die Not

1620 Des Geschicks bedrängt, vor Göttern beug er sich und sei
                                    getrost!
Denn am Ende wird dem Hochgesinnten Würdiges gewährt.
Doch die Menschen argen Mutes werden nimmermehr ge-
                                    deihn.

ANMERKUNGEN

Die Übersetzung beruht auf dem Text von G. Murray, Oxford, 1925. Daneben wurden ausgiebig Text und Kommentar von U. v. Wilamowitz, Berlin, 1926, benutzt. Die Anmerkungen, im Allgemeinen nach J. J. C. Donner (Reclam), beschränken sich auf das Notwendigste. Die Numerierung der Verse stimmt mit der des griechischen Textes überein.

5 Nach griechischem Glauben Mittelpunkt der Erde.

20 Erichthonios, Sohn des Hephaistos und der Ga oder Gaia (Erde), Ahnherr der Athener, die sich nach ihm als Autochthonen, Ureinwohner, fühlen.

74 Ionien, attische Kolonie.

126 Apollon, auf Delos geboren, ist der Sohn der Leto und des Zeus, der Enkel des Kronos.

188 Loxias, Beiname Apollons.

192 Darstellung von Herakles' Kampf mit der neunköpfigen Hydra; sobald ein Kopf abgehauen war, wuchsen zwei neue hervor, bis Iolaos, der Neffe und Mitstreiter des Helden, die Rümpfe mit seiner Fackel versengte.

204 Bellerophon, auf dem Pegasos, im Kampf mit der Chimaira, einem Untier, vorn Löwe, in der Mitte Ziege, hinten Schlange.

209 Die Gorgo, das versteinernde Ungetüm, als Buckel auf dem Schild der Athene.

210 ff. Enkelados, Mimas: Giganten, Söhne der Ga.

270 Im Krieg der Athener mit dem Thrakerkönig Eumolpos, einem Sohn des Poseidon, gemäß einem Orakelspruch. Erechtheus siegte, wurde aber später von Poseidon durch ein Erdbeben getötet.

300 Trophonios' Bezirk, Orakelstätte in einer Höhle zwischen dem Helikon und Chaironeia.

454 Athene, mit Hilfe des Prometheus dem Haupt des Zeus entsprungen.

465 Der Leto Kind ist, außer Apollon, Artemis.

551 Die alle drei Jahre wiederkehrende nächtliche Dionysosfeier auf dem Parnaß.

802 Ion heißt der Wandelnde.

872 Nach dem tritonischen See – bald in Thessalien, bald in Libyen, bald in Böotien angenommen – heißt Athene Tritogeneia.

922 vergl. 126.

988 vergl. 209. Zu Phlegra, in Thrazien, wurden die Giganten von den Göttern besiegt.

1048 Hekate, die unheimliche Nachtgöttin, verschmilzt hier mit Persephone, der Tochter der Demeter oder Deo.

1076 Prozession mit Fackeln von Athen nach Eleusis, zur Feier des mit Demeter, der heiligen Mutter, und Persephone, ihrer Tochter, gemeinsam verehrten Iakchos. Anschließen durfte sich nur, wer das attische Bürgerrecht besaß. An der heiligen Feier nehmen hier der Himmel, mit dem Mond (Selene) und den Sternen, und das Meer, mit den Töchtern des Meergotts Nereus, teil.

1156 Tag des Vollmonds in der Mitte des Monats.
Die Hyaden, ein Sternbild.

1261 Kephisos, Flußgott, oft in Stiergestalt vorgestellt, gehört zur Ahnenreihe Kreusas.

1592 Rhion, Vorgebirge in Achaia; die genealogischen Einzelheiten in Athenes Rede zu erklären, erübrigt sich. Siehe dazu den Kommentar von Wilamowitz.

SAMMLUNG

ÜBERLIEFERUNG UND AUFTRAG

IN VERBINDUNG MIT WILHELM SZILASI

HERAUSGEGEBEN VON ERNESTO GRASSI

Die verschiedenen Veröffentlichungen dieser Sammlung stellen ein zusammenhängendes Ganzes dar. Ihre Gliederung in drei Reihen dient einem einzigen Begriff der Überlieferung, der uns heute allein zugänglich und sinnvoll erscheint.

———

Lebendige Überlieferung meint Klärung der Gegenwart durch sinnvolle Deutung der Vergangenheit und «Bildung» in jenem echten Sinn des Humanismus der auf die Erziehung der *ganzen* Menschen abzielt. Auf diese Art können im geistigen Zusammenbruch der europäischen Welt die Antike wie die Renaissance für die Gegenwart neu, lebendig und fruchtbar werden. Es geht um ein philosophisch-geschichtliches Bewußtsein, das durch die Auseinandersetzung mit der Antike immer wieder das europäische Geistesleben gestaltet hat.

———

Die Reihe S C H R I F T E N soll die Auffassung des Menschen, die wesentlich mit dem humanistischen Ideal verbunden ist und die damit zusammenhängenden geschichtlichen Probleme erörtern.

Die Reihe T E X T E soll Dokumente dieser Überlieferung vermitteln und sie, besonders durch neue Übersetzungen, zugänglich machen.

Die Reihe P R O B L E M E U N D H I N W E I S E soll das Lesen der klassischen Texte durch Auswahl und Interpretation einem breiteren Kreis von Lesern erleichtern.

Ein kurzes Geleitwort des Herausgebers, das den einzelnen Veröffentlichungen vorangeht, wird jeweils das Hauptproblem und die Beziehung der einzelnen Publikationen untereinander hervorheben.

REIHE SCHRIFTEN

Band 1

Thure von Uexküll · Ernesto Grassi

WIRKLICHKEIT ALS GEHEIMNIS UND AUFTRAG

Die Exaktheit der Naturwissenschaften
und die philosophische Erfahrung
130 Seiten. Fr. 6.80

*

Band 2

Wilhelm Szilasi

MACHT UND OHNMACHT DES GEISTES

Interpretationen zu Platon: Philebos und Staat VI
Aristoteles: Nikomachische Ethik, Metaphysik IX und XII
Schrift über die Seele III, Schrift von der Interpretation
312 Seiten. Fr. 14.50

*

Band 3

Ernesto Grassi

VERTEIDIGUNG DES INDIVIDUELLEN LEBENS

Studia humanitatis als philosophische Überlieferung
176 Seiten. Fr. 9.50

*

Band 4
Viktor von Weizsäcker

ANONYMA

65 Seiten. Fr. 4.80

*

REIHE PROBLEME UND HINWEISE

Band 1
Romano Guardini

DER TOD DES SOKRATES
Eine Interpretation der platonischen Schriften Euthyphron,
Apologie, Kriton und Phaidon. Zweite Auflage
241 Seiten. Fr. 11.50

*

Band 2
Romano Guardini

ZU RAINER MARIA RILKES DEUTUNG DES DASEINS
Eine Interpretation der zweiten, achten und neunten Duineser Elegie
Zweite Auflage. 122 Seiten. Fr. 6.50

*

Band 3
Francesco Guicciardini

DAS POLITISCHE ERBE DER RENAISSANCE
(«RICORDI»)
Neu geordnet und eingeleitet von E. Grassi.
Ins Deutsche übertragen von K. J. Partsch
Zweite Auflage. 127 Seiten. Fr. 6.50

*

Band 4
Giordano Bruno

HEROISCHE LEIDENSCHAFT UND INDIVIDUELLES LEBEN
Neue deutsche Übersetzung
Auswahl und Interpretation der italienischen Dialoge G. Brunos,
besorgt von Ernesto Grassi

*

REIHE TEXTE

Band 1

THUKYDIDES

DIE TOTENREDE DES PERIKLES

Griechisch und deutsch. Übertragung von G.P.Landmann,
mit einem Geleitwort von E.Grassi
39 Seiten. Fr. 3.80

*

Band 2

EURIPIDES · ION

Deutsche Übertragung und Einleitung von Emil Staiger

*